ファッションビジネスの進化

――多様化する顧客ニーズに適応する,生き抜くビジネスとは何か――

大村 邦年 著

阪南大学叢書 109

晃 洋 書 房

はしがき

　筆者は，企業の成長は常に外部環境に適合するビジネスモデルを進化させ続けることが重要であるという問題意識のもと，これまで国内外を問わずファッション・アパレル企業に焦点をあて，競争優位のビジネスモデルに関する研究をおこなってきた．本書はその集大成という位置づけである．
　そもそもファッションビジネスの源流は，中世ヨーロッパに遡り，当時の皇室や貴族など特権階級のシンボリックな位置づけとして華やかに花開いてきた．その後，封建社会から民主化へのうねりという時代変遷によって，一般の富裕層や富豪，さらに大衆へと伝播していき，あらゆる階層がファッションを楽しむことが可能となり，今日に至っている．
　ファッションがビジネスとして確立されたのは，1870年フランス第二帝政の崩壊に伴い，市民社会の到来が，これまでの皇族貴族中心の特権階級のファッションスタイルを大きく変貌させたことに始まる．当初メイン顧客は裕福層やアメリカの富豪が中心となり，個性的でデザイン性の高いファッションへと移行していく．1858年パリで皇室ご用達クチュリエ（デザイナー）としてメゾン（maison：ファッション工房でほとんどがクチュリエの個人名だった）を開いていたシャルル・フレデリック・ウォルト（Charles F. Worth）は，当時手間のかかる服仕立てのプロセスを，合理的な生産システムに変えることを目的に，オートクチュール（haute couture）を誕生させた．事前に複数のデザインプロトタイプを用意して，マヌカン（モデル）に着せて見せ，それを顧客が選択し，身体のサイズに合わせて製作するというビジネスモデルである．ウォルトは，(1)テキスタイルの選定，(2)デザインの設計，(3)縫製管理から修正，まですべてメゾンがおこなう一貫管理のビジネスモデルを構築したのである．この結果，顧客に製品が届くまでの時間が短縮され，生産システムの効率化，より多くの顧客に自らの商品を届けることが可能となった．つまり，オートクチュールはこの受注

生産ビジネスから生まれたのである．

　1868年ウォルトの成功後，追随するメゾンが中心となりシャンブル・サンディカル（フランス・オートクチュール組合）として組織化し，オートクチュールビジネスの普及とメゾンの社会的地位向上に努めた．メゾンは，ブランドとしての価値も同時に獲得することになり，メゾン名＝ファッションブランドという新たな価値創造へと連鎖していった．このシャンブル・サンディカルの伝統は，現在のパリ・コレクション（以下パリコレ）へと継承されている．

　しかし，このオートクチュールは，ドレス中心の高級注文服（オーダーシステム）で高価なため，多くの消費者には手の届かぬ製品であり，一般的には大量生産された低品質で安価なノーブランドの商品群が主流であった．ところが，1959年クリスチャン・ディオール（Christian Dior）やピエール・カルダン（Pierre Cardin），アンドレ・クレージュ（André Courrèges）がオートクチュールデザイナーとしては初めて，高級既製服であるプレタポルテ（prêt à porter）の作品を発表した．あらかじめ生産された個性的なデザインの製品をサイズや色別で店舗（ブティック）に陳列し，接客販売するという既製服ビジネスモデルである．1960年代に入るとプレタポルテ中心のパリコレが開催され，世界的に大きなブームとなり，一般消費者向けの高級既製服という新たな市場開拓に成功した．多くのオートクチュールデザイナーが争うように参入し，独創的なファッションスタイルの作品が発表され，プレタポルテを中心としたパリコレが世界的なモード発信の場となっていった．そして，マーケティングや経営戦略を取り入れた一般大衆向けの既製服をつくるアパレル企業も誕生し，ファッションビジネスが確立されていった．

　近年では，プレタポルテの影響を受けながら，激しく変化する外部要因に適合させるように，セレクト型やSPA型（製造小売業），FF型（ファストファッション），ライフスタイル型など，次々とマーケットインの新たなビジネスモデルが生まれている．ファッションをデザインやトレンドとして捉えるのではなく，マネジメントという視点を加えると，時代の社会的背景や消費者ニーズなど外部環境の変化の要因により，イノベーションといえるような新たなビジネ

スモデルとして進化をしてきたことが明らかになってくる．最近大きく報道されているシャープ，東芝などの大手家電企業は，企業存続すら危ぶまれる状況下にある．不正会計などのコーポレートガバナンス（企業統治）の機能不全が問題視されているが，他方では自社の技術力と内需市場を過信し，過大な生産ライン投資をおこないながら，世界的なヒット商品の開発に失敗したことが起因といえる．さらに露呈された企業組織の構造改革の遅れ，為替変動に対する慢心的な無防備が膨大な赤字を生み出したのである．ファッション業界でも同様に，老舗企業といわれるイトキンや三陽商会，ワールドが経営難に陥り，不採算ブランドや店舗の統廃合を一気に進めている厳しい状況下にある．企業経営者は，激変する外的要因というビジネス環境で生き残るためにはどうすればいいのか？それは「常に何か新しい取り組みをおこない，変革の試行錯誤を続ける」ことである．突然今まで成功していた企業が失墜し，これまでのビジネスモデルを覆して，イノベーションといえる新しいビジネスモデルを生み出した企業だけが成長するという過当競争の時代に突入しているといっても過言ではない．しかし，何でも手当たり次第にイノベーションの試行錯誤をおこなうことは意味がない．ヒト・モノ・カネ・情報，加えて時間というリソースは無限ではないので，いかにこれらの効率的な組み合せや活用ができるかが重要となる．また，「どのような方向性でイノベーションを起こすのか」が明確でなければ，無駄なリソースを使ってしまうことになるので，マーケティングによる現状分析や将来のシナリオ予測などをおこなう必要性があるといえる．

　本書は，ファッションビジネスの誕生から現在に至るまでのさまざまな事象を，環境適応行動によるビジネスモデルの進化として捉えている．全体構成は，ファッション・アパレル企業の「環境適応行動」と「ブランド価値」の融合による進化を理論的研究と実証的研究の両面からアプローチしている．
　チャールズ・ダーウィン（Charles Darwin）は，「生命体が生き残るのは，最も強い種が生き残るのではない．自然環境に適応し，変化する種が生き残るのだ」という適者生存の概念を進化論で示した．これを企業に置きかえると「持

続的な競争優位をもつ企業は，淘汰圧力といえる事業環境の変化に対峙しながら，柔軟に適応行動をおこない，成長してきたのだ」となる．しかし，マネジメントの世界では，企業が環境変化に適応して生き残れるかどうかではなく，次の時代に生き残れたのは結果論に過ぎないという考え方がある．つまり，生き残るかどうかは自然が決めるのであって，次世代に繋がる者は淘汰によって選別され，残るべきものが残るのだという対論である．つまり，個体としての進化より，淘汰による選別を中心とする理論である．このように，本書では，進化論の理論的なアプローチをこころみ，(1)事業活動の不確実性と環境適応との関係，(2)生態系の進化プロセス概念がマネジメント視点の組織論になぜ組み込まれていったのか，(3)企業の環境適応行動がなぜ企業変革を誘発させるのか，を明らかにして，環境適応行動といえる企業変革（イノベーション）の重要性を示唆している．また，実証的なアプローチとして，持続的競争優位の背景には，(1)文化的歴史観や独創的なビジネスモデルの構築，目利きのきく顧客視点のマーケティング戦略が存在している事実，(2)ラグジュアリーブランドであっても，SPA型ビジネスモデルを取り入れ，蓄積された経営資源を巧みに組み替えながら企業変革をおこなっている事実，(3)構造的不況業種といわれる百貨店は，経営資源の棚卸から問題を抽出させ，外的環境の変化に適応するビジネスモデルのリストラクチャリングと構成員一丸となった企業変革への取り組みのあいまいさ，つまり企業が不確実に変化する経済環境に適応するためには，継続的に内的・外的な経営資源（ヒト・モノ・カネ・情報・意思決定のメカニズム）の統合と再構築しようとする行動プロセスが重要であると強調しているのである．ZARAは，インターネット技術の進展を最重要視しつつ，これまでのSPA型ビジネスモデルを，①グローバルな人材力，②マーケティングによる現場力，③組織内コミュニケーション力，④シンプルな組織と権限移譲による意思決定のメカニズム，⑤共有するシンプルなビジョン，によってFF型ビジネスモデルを生み出し，企業変革へ到達しているという仮説を実証している．

　本書から導出される新規性を含んだビジネスモデルや成功への戦略ストーリーは，オムニチャネルやグローバル化をめざす企業にとって，何か一つでも示

唆を与えることになれば幸いであると考える.

　本書を刊行するにあたり，多くの先生方にご指導とご支援をいただいたことに，この場をお借りして，感謝申し上げたい.

　まず，49歳で入学した神戸商科大学（現兵庫県立大学）大学院時代の恩師である兵庫県立大学名誉教授 中橋國藏先生には，経営戦略の講義や演習をとおして，論理的思考による「競争優位のビジネスモデル」の重要性と「知識ベース視角による経営戦略」の奥深さを学ばせていただいた．発表や論文作成では，優しく時には手厳しい指摘を受けながら，研究内容の深耕化へ導いていただいた．当時経営者だった筆者にとって，そのすべてのプロセスが目からうろこが落ちるような驚きと感動であったことが，昨日のように思い出される．このドラスティックな経験価値が現在の研究活動上，大きなバックボーンとなっている．

　次に，神戸大学大学院でお世話になった神戸大学名誉教授・甲南大学特別招聘教授 加護野忠男先生には，演習をとおして，研究に対する「多面的なアプローチ方法と論文構成」の作法を学ばせていただいた．「競争優位の獲得と持続」「組織や事業の突然の崩壊」には常に理由がある．「その理由は何か」を常に問いかける姿勢．先生の流れるような弁舌とユーモア溢れるコメント，そしてゼミ生を震え上がらせる指摘と指導．常に笑いと緊張感が漂うレベルの高い演習経験が筆者にとって貴重な財産となり，忘れることができない．先生の錚々たる門下生メンバーの1人として末席に加えていただいていることに誇りをもって，感謝を申し上げたい．

　他にも，兵庫県立大学名誉教授 小西一彦先生，大阪商業大学（兵庫県立大学名誉教授）安室憲一先生，元はこだて未来大学 鈴木克也先生，阪南大学教授 平山弘先生，紅林絵美先生（Domus Academy-Nuova Accademia S. p. A 客員教授），Barbara Trebitsch 先生（Domus Academy 学部長）（Silvia Sibnorelli 先生（Domus Academy-Nuova Accademia S. p. A 教授））をはじめ多くの先生方には，常に的確なご指導とアドバイスをいただいたことに感謝とお礼を申し上げたい．また，

同じ大学院のゼミ仲間として刺激を受けながら研究活動に切磋琢磨した多くの学友にもこの場をお借りして感謝したい．

　日本流通学会の活動では，関西・中四国部会事務局長をさせていただいており，部会員の先生方には，部会運営に多大なご協力をいただくとともに，筆者の研究報告に対して，示唆に富んだコメントをいただいている．学会長・関西大学 樫原正澄先生をはじめ，全国事務局長・立命館大学 小沢道紀先生，関西・中四国部会長・阪南大学 平山弘先生，立命館大学 斎藤雅通先生・木下明浩先生，関西大学 佐々木保幸先生，県立広島大学 粟島浩二先生・田中浩子先生，大阪商業大学 孫飛舟先生・金度渕先生，京都大学 田中彰先生，桃山学院大学 角谷嘉則先生，流通科学大学 森脇丈子先生，阪南大学の同僚でもある井上博先生・仲上哲先生・西岡俊哲先生・杉田宗聴先生・臼谷健一先生・西口真也先生，茨城大学 今村一真先生など会員の皆様にお礼を申し上げたい．

　筆者が企業経営者時代に関わりをもたせていただいた，近代経営史に大きな足跡を残された2人の偉人について記しておきたい．まず，カリスマ経営者としてスーパーマーケットによって流通革命を起こした中内功氏（ダイエー創始者）である．同氏とは，百貨店のプランタン事業や大型商業施設オーパ事業のオーナーとテナントという関係で，店主会役員をさせていただき，身近に接する機会がうまれた．1988年9月，JR新神戸駅前に「眠らない街」をコンセプトとして開業した大型商業施設「新神戸オリエンタルシティ（通称：新神戸オーパ）」で感銘的な出来事があった．当時店内にはディスコ（現在のクラブ）があり，神戸の若者たちにとって，新しい遊びスポットになっていた．偶然12月の深夜に，その店内で中内氏と遭遇し，挨拶の後にお話をさせていただくことになった．中内氏は「深夜に明かりがともり，多くの人が集まる場所には，新たなカルチャーやビジネスの種が必ず生まれる．だから，私は時間があると，どこにでも見に行くことにしている」と語られた．この瞬間，中内氏の事業家，いや商売人としての神髄を見たような気持ちになり感服させられた．1995年阪神・淡路大震災の時，いち早く全国から社員を神戸に派遣し，ダイエーやローソンを開店させたことは，近年希薄になったといわれる「利他の精神」を学ば

せていただくことになった．常に「ネアカ のびのび へこたれず」をモットーに大震災の苦境に臆することなく，前に進むことの重要性を教えられた．この言葉は，私の人生観にも大きな影響を受けた．私のゼミ生たちにも何か失敗した時は，いつもこの言葉で声をかけている．

　次に，藤田田氏（日本マクドナルド創業者）との出会いである．藤田氏が経営する藤田商店は，戦後すぐに貿易輸出入商社として設立され，ルイ・ヴィトンやクリスチャン・ディオールなどの海外ブランドを日本総代理店として輸入し，百貨店や専門店に紹介することが主なビジネスであった．マクドナルドの創業は，貿易商社という関係から米国本社と関わりをもち，折半の対等契約で日本法人が設立された．その後は，戦略的なブランディングで瞬く間にマクドナルドハンバーガーを市場浸透させ，ブランド構築に成功し，ファストフード文化を日本に根づかせた．藤田氏とは海外ブランド商品の取引をとおした，ビジネスパートナー（取引先）としてお付き合いをさせていただいた．ビジネスパートナーとの信頼関係の担保は，契約書であると教えられた．たとえば，マクドナルドの契約書は，米国本社と1年以上の時間をかけながら，あらゆる事態を想定し，弁護士も入れながら徹底的に議論を繰り返す．そして，最終的に契約書は，延べ厚さ150cmに上る膨大な契約条項が記載されたものとなった．「これが世界で通用する契約書だ．私は契約書を交わし，サインする瞬間に成功の確信がもてる．それができないなら，やめたほうが良い．ビジネスには妥協は存在しない」という言葉が忘れられない．日本の産業構造を動かした2人の偉人と関わりをもてたことは幸運以外にないと感謝したい．

　本書の実証研究活動においても多くの実務家の方々から多大なご協力をいただいてきた．大田俊郎氏（天王寺SC開発株式会社元代表取締役社長），山田宗司氏（神戸SC開発株式会社代表取締役社長），川上優氏（天王寺SC開発株式会社代表取締役社長），猪原正嗣氏・舟本恵氏（JR西日本SC開発株式会社），中村文信氏・与古田穀氏（株式会社オーパ），近藤広幸氏（株式会社マッシュホールディングス代表取締役社長），椋林裕貴氏（株式会社マッシュビューティラボ代表取締役副社長），青井正人氏

（株式会社イング創始者），中村貞裕氏（株式会社トランジットジェネラルオフィス代表取締役社長），姉川輝天氏（株式会社ナノ・ユニバース　クリエイティブディレクター），水本隆文氏（元株式会社三陽商会・zaki inc 代表），宮野哲哉氏・立花勤氏（元ジャヴァコーポレーション），山崎理恵氏（株式会社ザラ・ジャパン），クリスティン・エドマン氏（株式会社H&Mジャパン代表取締役社長），山田博一氏（ギャップジャパン株式会社），アレッサンドロ・ベネトン氏（ベネトンジャパン株式会社代表取締役），ジャイ・チャン氏（株式会社フォーエバー21ジャパン代表取締役）には，インタビューを快く受けて下さり，懇切丁寧にさまざまなことを教えていただいた．この場をお借りし，衷心から感謝申し上げたい．

このように本書は多くの方々の影響や助言，協力によってできあがったものである．しかしながら，筆者が十分に応えられていない点も多々あると思われる点はご指摘をいただくとともに，ご容赦願いたい．

なお，本書の研究過程においては，日本学術振興会科学研究費補助金　研究活動スタート支援「アパレル企業におけるビジネスモデルの進化―― SPA 型からFF型へ――」（課題番号23830110，平成23‐24年度），阪南大学産業経済研究所助成研究費学内競争的資金（研究A）「アパレル企業の最新ビジネスモデルに関する研究」（平成25年度‐平成27年度），日本学術振興会科学研究費助成事業　基盤研究(C)「日欧ファッション企業における新機軸の多角化戦略の研究」（課題番号16K03967，平成28‐30年度）の助成を受けている．

また，筆者が単著を上梓できるのは「阪南大学叢書」刊行助成制度があればこそ，実現できたことを記して，関係各位の皆様には心から御礼を申し上げたい．

最後に，私事ながら私の研究活動と人生すべてを支えてくれた妻惠美子に感謝し，初孫の翔真が将来研究者の道へ進むことを望みたい．

2016年12月

大　村　邦　年

目　次

はしがき
初出一覧

序　章　ファッションビジネス研究における「実践と理論」の融合 …… 1

第1章　進化論のマネジメント適応に関する考察 …… 9
　はじめに …… 9
　1-1　人類の進化とダーウィンの進化論 …… 12
　1-2　不確実性と環境変化への適応 …… 14
　1-3　進化論の経営組織論への導入 …… 16
　　　――コンティンジェンシー理論と組織エコロジー理論，共進化モデル――
　むすびに …… 19

第2章　ファッションビジネスの歴史的変遷 …… 25
　はじめに …… 25
　2-1　西洋のファッションビジネスの変遷 …… 26
　2-2　パリのファッション産業集積 …… 32
　2-3　日本のファッションビジネスの変遷 …… 33
　2-4　ファッションビジネスの産業構造（生産と流通の流れ） …… 43
　2-5　日本のファッションビジネスの現状 …… 45
　2-6　国内アパレルの小売市場規模 …… 46
　2-7　日本における代表的アパレルメーカー …… 49
　むすびに …… 51

第3章　海外ファッション企業の新たなブランド戦略
　　　　──ルイ・ヴィトン社の事例から──　　　　　　　　　　　　57

　　はじめに………………………………………………………………… 57
　　3-1　海外高級ブランドの日本市場参入と課題克服の戦略………… 58
　　3-2　ルイ・ヴィトン（Louis Vuitton）の企業変革による価値創造…… 60
　　3-3　現地法人化による直営店舗化の妥当性………………………… 72
　　むすびに………………………………………………………………… 74

第4章　ファストファッションにおける競争優位のメカニズム　79

　　はじめに………………………………………………………………… 79
　　4-1　ファストファッションとサプライチェーンマネジメント…… 81
　　4-2　新たなサプライチェーンマネジメント………………………… 84
　　4-3　ZARAの事例……………………………………………………… 87
　　むすびに………………………………………………………………… 101

第5章　新興アパレル企業にみる新たなブランディング戦略　105

　　はじめに………………………………………………………………… 105
　　5-1　日本におけるEC市場の現状…………………………………… 107
　　5-2　ファッション業界のECビジネス……………………………… 110
　　5-3　株式会社マッシュスタイルラボの事例………………………… 113
　　むすびに………………………………………………………………… 129

第 6 章　百貨店のリストラクチャリングの新機軸　　　　135

はじめに ··· *135*
6 - 1　百貨店の誕生から現在に至る変遷 ································ *136*
6 - 2　百貨店の経営課題 ·· *143*
6 - 3　米国百貨店のイノベーション
　　　「変えないもの」と「変えるもの」······························ *148*
　　　　──ノードストロームの事例から──
6 - 4　百貨店復活への経営的処方箋 ···································· *153*
むすびに ··· *158*

第 7 章　靴下製造業の新製品開発によるブランド創造
　　　　　──コーマ株式会社の事例から──　　　　　　　　161

はじめに ··· *161*
7 - 1　日本の靴下産業 ·· *162*
7 - 2　タビオの靴下業界におけるイノベーション ····················· *170*
7 - 3　コーマ株式会社の事例 ·· *172*
むすびに ··· *179*

第 8 章　アパレル企業の多角化戦略とその本質　　　　　　183

はじめに ··· *183*
8 - 1　多角化戦略に関する先行研究 ···································· *185*
8 - 2　多角化戦略の 2 つの要因 ·· *188*
8 - 3　多角化の導入プロセス ·· *191*
8 - 4　多角化への企業組織 ··· *193*
むすびに ··· *198*

第9章　日本のファッションが新たな市場を創る
　　　　――顧客ニーズから生まれたライフスタイルビジネスとは―― *203*

　　は じ め に………………………………………………………*203*
　　9-1　ライフスタイルの概念……………………………………*204*
　　9-2　なぜ，ライフスタイル型が注目されるのか……………*207*
　　9-3　SCにおけるライフスタイルビジネスの進展…………*212*
　　9-4　ライフスタイルビジネスの成功…………………………*213*
　　9-5　国家プロジェクト「クール・ジャパン」と
　　　　ライフスタイル型ビジネス………………………………*218*
　　む　す　び　に……………………………………………………*221*

終　章　「原点回帰」により新たな進化が見えてくる　　*225*

主要参考文献　　（229）
人 名 索 引　　（239）
事 項 索 引　　（241）

初 出 一 覧

本書の各章は，筆者が発表した論文を基礎にしている．加えて，新たに書き下ろしたものからなっている．以下はその一覧である．

序　章　書き下ろし

第 1 章　「進化論のマネジメント適応に関する考察」『OCCASIONAL PAPER』No. 52，2012年を一部加筆，修正．

第 2 章　書き下ろし

第 3 章　「海外ファッション企業の新たなブランド戦略──ルイ・ヴィトン社の事例から──」『新時代のマーケティング──理論と実践──』六甲出版販売，2008年を一部加筆，修正．

第 4 章　「ファストファッションにおける競争優位のメカニズム── INDITEX 社 ZARA の事例を中心に──」『阪南論集 社会科学編』第47巻第 2 号，2012年を一部加筆，修正．

第 5 章　「新興アパレル企業にみるデジタルプロモーション──マッシュスタイルラボの事例から──」『阪南論集 社会科学編』第48巻第 1 号，2012年を一部加筆，修正．

第 6 章　「百貨店のリストラクチャリングの新機軸」『新時代マーケティングへの挑戦──理論と実践──』六甲出版販売，2011年を一部加筆，修正．

第 7 章　「靴下製造業の新製品開発によるブランド創造──松原市 コーマ株式会社の事例から──」『阪南論集 社会科学編』第51巻第 3 号，2016年を一部加筆，修正．

第 8 章　「アパレル企業の多角化戦略とその本質」『阪南論集 社会科学編』第50巻第 1 号，2014年を一部加筆，修正．

第 9 章　書き下ろし

終　章　書き下ろし

序章

ファッションビジネス研究における 「実践と理論」の融合

　ファッション史をビジネスモデルとして見ると幾多の変遷が綴られている．17世紀に入りルイ王朝のファッションビジネスの国家戦略によるパリを中心とした地場産業の形成，17世紀前半の貴族から民主化運動の中，一般市民層へのファッション文化の拡張，1850年代オートクチュール[1]（haute couture）ビジネスの誕生，1950年代オートクチュールからプレタポルテ[2]（prêt-a-porter）へのビジネスモデルの転換，1960年代ファッションデザインのトレンド競争，秩序化された棲み分け型ビジネスモデルの生成，1980年代高級専門店商品のラグジュアリーブランド化と M&A によるコングロマリット[3]（conglomerate）世界戦略，1990年代 SPA[4]（Speciality Store Retailer of Private Label）型ビジネスモデルによる新しい価値観の形成などがあげられる．そして，2000年代に入り SPA 型ビジネスモデルから進化したといわれるファストファッション[5]（Fast Fashion: FF）型ビジネスモデルが台頭し，さらにライフスタイル型ビジネスへと驚異的なスピードで進化し続けている．このようにファッションを単に流行として，デザインや趨勢として直視的に捉えるのではなく，マネジメントという視点を加えると，その時々の社会背景や消費者ニーズなど外部環境の変化を起因として，イノベーションといえるような新たなビジネスモデルが次々と誕生し，進化をしてきたことが明らかになってくる．

　しかしながら，近年のファッション・アパレルのビジネスモデルに関する研究は，矢野経済研究所（2003, 2005, 2007, 2009a），小島ファッションマーケティングの小島健輔（1999, 2003, 2009, 2011）などのファッション系コンサルタント

や Cachon and Swinny（2004），山村（2006），塚田（2006），安楽（2007），山田（2009），Jesus（2008）をはじめとした多くの研究者によりおこなわれているが，ほとんどが SPA を中心とした事例分析や数値にもとづく業界研究にとどまっている．ゆえに，研究対象企業に対する実証研究が中心であり，理論的なアプローチに焦点をあてた研究は皆無といってよい．

　こうした現状に対して，筆者は，30年におよぶアパレル経営の実践経験値に加えて学術的な理論的アプローチという「実践と理論の融合」という新たな視点から，次の3点を明らかにしてきた．先ず，(1)ファッションが地場産業といえる神戸の有力アパレル企業の持続的競争優位の源泉は，文化的歴史観，戦後から独創的なビジネスモデルの構築，目利きのきく顧客視点のマーケティング戦略が存在している事実（大村 2004, 2005），(2)新たなブランド戦略による企業変革の成功事例として，ルイ・ヴィトンジャパン社を取り上げ，代表的なラグジュアリーブランド企業が蓄積された経営資源を組み替えることにより，アパレルの SPA 型ビジネスモデルを取り入れている事実（大村 2008），(3)構造的不況業種といわれる日本の百貨店の陳腐化された経営資源から問題課題を抽出することで，外的環境の変化に適応するビジネスモデルの再編集と全社員一丸となった企業変革の重要性（大村 2011），を指摘してきた．

　また，実証的アプローチの観点から，数多くの SPA 型企業や FF 型企業へのトップインタビューを集中的におこない，企業が不確実に変化する環境に適応するためには，内的・外的な経営資源（ヒト・モノ・カネ・情報・意思決定のメカニズム）の統合と再編集する行動プロセスが重要であり，そのプロセスから SPA 型をバージョンアップさせた FF 型という新たなビジネスモデルへと進化させ，5つの要件（(1)グローバルな人材力，(2)マーケティングによる現場力，(3)コミュニケーション力，(4)シンプルな組織と権限移譲による意思決定のメカニズム，(5)共有するビジョンを担保する）によって最終的に企業変革へ到達するという仮説を明らかにしてきた（JSPS 科研費23830110）．これらを踏まえた上で，この変革を実現させるためには，環境変化に適応した組織変革のロジックと組織進化のロジックを組み合わせた進化型変革モデルの重要性を指摘した．

本書は，ファッションビジネスの誕生から現在に至るまでのさまざまな事象を，環境適応行動によるビジネスモデルの進化として捉えている．企業が不確実な経営環境下で環境適応行動をとり，新たなビジネスモデルへ進化させることが企業変革，つまりイノベーションに連鎖することを繰り返し強調している．最終的にブランド価値創造に到達するプロセスやそのロジックを明らかにさせることは，企業にとって有益な「羅針盤」の一つになることが期待できると考える．

　本書は次のように構成（図1）されている．

　第1章では，ファッションアパレル企業の最新ビジネスモデルといわれるSPA型からFF型へのビジネス転換を進化と位置づけて，進化論の理論的なアプローチをこころみている．最終的に，(1)事業活動の不確実性と環境適応との関係，(2)生態系の進化プロセス概念がマネジメント視点の組織論になぜ組み込まれていったのか，(3)企業の環境適応行動がなぜ企業変革を誘発させるのか，を明らかにし，環境適応行動といえる企業変革の重要性を示唆する．

　第2章では，ファッションの進化プロセスに関する先行研究レビューをとおして，ビジネスモデルの変遷を時代背景と重ね合せながら，(1)パリにおけるビジネスの生成，(2)日本市場におけるビジネスの進展，(3)現状分析と問題点，を明らかにする．

　第3章では，ラグジュアリーブランドのルイ・ヴィトン社を事例ケース・スタディとして，持続的な競争優位（competitive advantage）の源泉と企業変革プロセスを詳細に追跡し，ビジネスモデルの進化に依拠していた発見事実を示す．

　第4章では，ファストファッションのINDITEX社（ZARA）を取り上げ，模倣困難で差別化されたマーケティング戦略とビジネスモデルを明らかにし，ブランド構築の成功要因を示唆する．

　第5章では，CGデザインのベンチャー企業から異業種参入し，驚くようなスピードで急成長している株式会社マッシュスタイルラボを事例として取り上げている．その要因であるインターネット技術を基盤とした巧みなブランディング戦略をとおして，発見されるインプリケーションから今後のファッション

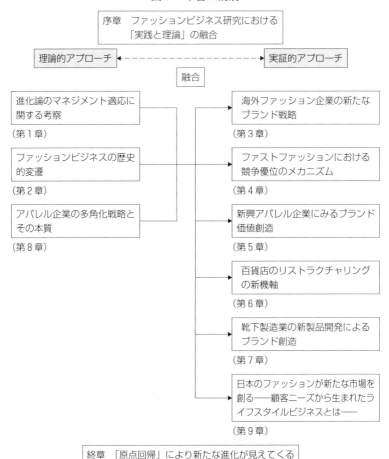

図1　本書の構成

ビジネスにおける新たなビジネスモデルの方向性や競争優位の獲得について示唆する．

　第6章では，1991年以降長期にわたり売上不振にあえぐ百貨店を事例として取り上げる．衰退要因は，不確実にゆらぐ消費者ニーズへのビジネスモデルの不適応とブランド依存から企業変革がなされなかった事実を明らかにする．加えて，企業変革の重要性をあらためて問う．

第7章では，中小製造業において，環境適応による企業変革の必要性をファッションのニッチビジネスといえる靴下産業の新製品開発をとおして，論じる．ニッチを成功させるためには，特定顧客向けの専門化や特定地域の専門化などがあげられる（Kotler 1995）．先ず，靴下産業の歴史的経緯と現状分析をおこない，産業に関わる先行研究をレビューしながら，進むべき方向性を考察する．次に，事例ケース・スタディとして，大阪府松原市のコーマ株式会社が取り組んでいる高い技術力を活かしたビジネスモデルの進化を追跡する．

　第8章では，国内外のアパレル企業は，消費者ニーズの多様性にフォーカスさせるように，ブランド資産を活用した異業種参入による多角化が頻繁におこなわれている．いわばファッションの世界で強いブランド価値を所有する企業が，さらにブランド価値の拡張と連鎖を念頭に多角化戦略が進展しているのである．このアパレル企業の多角化戦略に着目し，これまでに蓄積された多角化理論に関する先行研究を検証することにより，その戦略分析をおこなうために必要な理論的枠組を明示させる．

　第9章は，これまでファッションビジネスの競争優位を持続してきたSPAやファストファッションの成長が止まり，製品ライフサイクルでいう成熟期に到達し，これまで通りの成長は難しい現状に着目している．このような中で環境適応させ，急成長しているのが先進国を中心に「モノを買わない」「欲しいモノがない」という消費者購買行動の隙間を埋める新たな価値観を提供するライフスタイル提案型ビジネスである．特に日本ではファッションをコアとしながら，衣食住に関わるシーン設定から消費者へ斬新さや感動，驚きを与えるようなエンターテイメント（entertainment）性を付加させる新たな業態が次々と誕生している．この新たなビジネスモデルを明らかにすることにより，今後のファッションビジネス成長の方向性を示唆する．

　終章では，ファッションビジネスは消費者の移ろいやすい趣好やニーズの多様性により予測困難性が高いビジネスとである指摘している．しかし，現代に至る時代変遷から派生する多くの環境変化に対して，「変えるもの」と「変えないもの」を峻別させながら，愚直な創意工夫によって，イノベーションとい

える「ブランド価値」の創造を何度も繰り返しおこなってきたビジネスモデルの進化について整理している．

　それらを踏まえて，どのような時代であっても原点を振り返り，「ファッションは何のためあるのか」というファッションの本質に回帰することが必要であると指摘する．ファッションビジネスは「20世紀は経済の時代」であったが，「21世紀は文化・価値の時代」という新たなステージを迎えているのではないだろうか．これが本書のタイトルおよびサブタイトルである，『ファッションビジネスの進化──多様化する顧客ニーズに適応する，生き抜くビジネスとは何か──』の解に結びつくと考える．

　注
　1）オートクチュール（haute couture）
　　　フランスのパリで発達し服飾品のデザインと仕立てをおこなう高級衣装店のこと．デザインの独自性や高度な技術，高価さで知られる．ルイ16世の王妃マリー・アントアネットの宮廷デザイナーとして知られたローズ・ベルタンが1773年からフランス革命時まで店を構え，貴族女性の衣服を作ったことに由来する．しかし，近代のオート・クチュールは，1858年，パリに店を開いてナポレオン3世の皇后ウジェニーのデザイナーとなったイギリス人，C. F. ワースに始まる．近年では，オートクチュールとは，高級注文服や高級オーダーメイド服といわれ，限られた個人客からの注文を受け，一点一点手作業で制作した服を顧客に渡すという流れのビジネスモデルとなっている．
　2）プレタポルテ（prêt-a-porter）
　　　プレタポルテとは，高級既製服をさす．基本的には卸売から大量受注して小売する流れとなる．プレタポルテ以前の既製服は，既製品という意味を持つコンフェクションやレディ・メイドと呼ばれていたが，これらの言葉が大量生産された粗悪な安物，というニュアンスを持っていたため，それらと区別するためにプレタポルテという言葉が生まれた．そのため，日本語ではプレタポルテをそのまま既製服と訳さず，高級既製服と訳されることが多い．
　3）コングロマリット（conglomerate）
　　　直接の関係を持たない多岐に渡る業種・業務に参入している巨大企業体のことで，複合企業ともいわれる．主に異業種企業が相乗効果を期待して買収・合併を繰り返して成立する．工業，金融業，放送・通信など，通常ならば業務関係のある会社と合併したり，事業部を子会社化，または業務の内容において直接の関係を持っていない企業の買収などによって，全く異なる業種に多数参入し企業グループとして特異なシナジー効果を発揮する企業形態の一つがコングロマリットである．コングロマリットは，異業種間同士の相乗効果によりグループ全体の活性化（一部では，株価や企業資産の吊り上げといっ

た思惑も込められた）が期待され，1960年代の米国で盛んにおこなわれた．異業種参入の難しさに加え，期待した相乗効果がえられない，拡大したグループの収益悪化といった問題が発生しやすい企業形態であるが，業種を超えてシナジー効果が得られた場合は，技術的・ブランドブランディングにおいて非常に強力なものである．また，それぞれが独立した業務・業種であることから，独立や解体・再編など事業再構築（リストラクチャー）が比較的ペナルティなくおこなえるため，積極的に試みられた．近年では企業にも変化する市場に対する柔軟性が要求されるため，コングロマリットの構築‐解体のサイクルも1990年代以降は短くなりつつあるともいわれるが，そもそものコングロマリットという巨大企業形態自体が足かせとなることも多い．巨大複合企業体の全盛期は1960年代‐1980年代であり，現在は一部を除いてほとんどが残っておらず，もっと緩い業務提携で留めることが多い．

4）SPA（Speciality Store Retailer of Private Label Apparel）

プライベートブランド製品を商品開発段階から製造，販売段階に至る流通段階を一元的管理することにより顧客ニーズへの迅速な対応（QR）を可能にする事業システムのこと．アパレル業界では，米国ギャップ社が最初に導入した．

5）ファストファッション（Fast Fashion）

多品種・多品目のトレンド（流行）かつ圧倒的な低価格に抑えた衣料品を短期間で大量に生産，販売するファッションブランドやその業態のこと．

第1章

進化論のマネジメント適応に関する考察

はじめに

　近年の世界経済は，暗雲立ち込める袋小路に入り込んだような不確実性（uncertainty）と下振れリスクに見舞われている．2008年世界中を震撼させたリーマン・ショックによる金融危機および世界同時不況，2011年ギリシャに端を発しスペインからイタリアへと連鎖する欧州債務危機，そして2012年以降中国，インド，ブラジル，アフリカ諸国など成長を続けてきた新興国や途上国の経済成長の鈍化，中東情勢の不安定と難民移動，など問題が山積している．消費動向に目を移せば，最新の消費者購買行動は商品を見極め，「基本的に買わないこと」「買うなら付加価値商品をより安く」という市場収縮する方向へ向かっている．このような経済環境の不確実な状況下でビジネスに必要な視点は，消費者に対して常に前向きな姿勢を発信し続けることである．つまり，節約や倹約という後向きのマインドに対応していたのではコトは始まらないし，いかに前向きの姿勢へ自らがマインドチェンジするかのアプローチが重要となる．このアプローチの中から発見される仮説は，おそらく経済不安だけの問題ではなく，地球環境（global environment）やエコロジー（ecology）に対する関心の高まりも含めた長期的に消費者の購買行動が「聡明な消費」「アンダーステイトメント（控えめ）な消費」を心がけるように進化（evolution）しつつあることであ

る．企業はこのような消費者の進化に気づくために多面的な情報キャッチの網を張り巡らせ，自らのビジネスモデルを前向きに進化させ続ける努力が不可避である．

進化のプロセスを考えた場合，誰もが思い浮かぶのはチャールズ・ダーウィン（Charles Darwin）の「種の起源（*On the Origin of Species*）」(1859) による進化論（evolution theory）であろう．進化論は「生物学」「医学」の領域だけでなく，それ以外の多くの領域にも適用され，経済学や経営学を中心とした「社会科学」や「哲学」「思想」「宗教」など多義にわたって識者たちが進化論を取り入れて研究されてきた．このように多くの領域でそれぞれの進化論を取り入れることができることこそがダーウィンの進化論の大きな特徴であり，貢献であるといえるかもしれない．

ダーウィンの進化論では，「適者生存」といった概念が示されている．これは，字のごとく，適者だけが生存するということである．そして，最強のものだけが生き残るのではなく，環境に適応したものだけが生き残ることができるという概念である．このダーウィンの「適者生存」の概念こそが，マネジメントの世界でいう不確実な経済環境下で生き残る企業において適応することでもある．つまり企業がめざすのは，最強になるのではなくて，生存することが何よりも重要であり，仮に最強をめざすとすれば，それは生存確率を高めることだけに意義があるという考え方である．もし，環境への適応を考えることなく最強のみをめざして組織が巨大化した場合には，その巨大化ゆえに環境への適応力が低下し，生存できないといったことは十分にあり得ることである．これまで，企業の存続は「企業30年説」といわれてきた．今日では世界を駆けめぐる情報の高速化とボーダレスな規制緩和，経済活動のグローバル化により「企業10年説」とまでいわれるようになった．つまり企業のライフサイクルはわずか10年しかないということである．いくら企業が時代に適合した新製品の開発やビジネスモデルの構築がなされ，成功企業として評価されたとしても，その成功に慢心し，無作為に環境への適応することを怠れば，瞬く間に淘汰され消滅してきたことは，過去の事例から多くのことを学ぶことができる．最近のニ

ュースでも技術開発力により新規性ある製品を次々と市場へ提供し，ある意味でサクセスストーリーを具現化してきたといわれる日本を代表する電機メーカーのソニーやパナソニック，そして液晶技術最高峰といわれたシャープでさえも，変化する環境適応ができなければ，一瞬にして経営不振に陥ることが起こっていることは周知のとおりである．

　アパレル業界においても同じようなことが起きつつある．ファッションの歴史を概観すると幾多の変遷がファッション史に綴られている．序章で述べたように，大きなエポックとしては，17世紀に入りルイ王朝のファッションビジネスの国策化による地場産業の形成，17世紀前半の貴族から市民層へのファッション文化の拡張，1850年代オートクチュール（haute couture）の誕生，1950年代オートクチュールからプレタポルテ（prêt-a-porter）へビジネスモデルの転換，1960年代ファッションデザインのトレンド化競争，秩序化された棲み分け型ビジネスモデルの生成，1980年代高級専門店商品のラグジュアリーブランド化とM&Aによるコングロマリット（conglomerate）世界戦略，1990年代SPA（Speciality Store Retailer of Private Label）型ビジネスモデルによる新しい価値観の形成などがあげられる．そして，2000年代に入りSPA型ビジネスモデルから進化したといわれるファストファッション（Fast Fashion: FF）型ビジネスモデルが台頭し，驚異的なスピードで成長している（大村 2012a）．われわれは，このようなファッションの変遷をとおして学ぶことは，もっとも多様な不確実性といわれる消費者行動に対して，さまざまな環境変化へ適時適応するビジネスモデルへ変革といえる事業行動をおこなった企業のみが生存しているという事実である．筆者は，平成23-24年度日本学術振興会科学研究費補助金により，ファッションアパレル企業の最新ビジネスモデルといわれるSPA型からFF型への転換を進化と位置づけて研究を続けている．

　本章では，この研究プロセスの中でも起点といえる進化論の理論的なアプローチをこころみ，①事業活動の不確実性と環境適応との関係，②生態系の進化プロセス概念がマネジメント視点の組織論になぜ組み込まれていったのか，③企業の環境適応行動がなぜ企業変革を誘発させるのかを明らかにすること

を目的とし，最終的に環境適応行動といえる企業変革の重要性を示唆する．

1-1　人類の進化とダーウィンの進化論

　2012年のノーベル生理学・医学賞を受賞した京都大学山中伸弥教授が発見した iPS 細胞を活用した再生医療や創薬の実用化が近い将来実現されれば，今後，人類の進化にどのような影響があるのかを想像することは難しい．しかし，今日まで人類の進化に関する概念は，ヒトや猿は約100万年前から存在した類人猿から2つのルートに分かれて進化を続けながら発達してきたという説にもとづいている．この説によると，遺伝子とまわりの外的境のさまざまな要素の組み合せから異なった人種をもつヒト（人類）が誕生し，一方別のルートをたどって現代の猿をもたらせたといわれている．進化に関する研究者として最も有名なのは進化論を説いたダーウィン（1809-82年）であることは周知のとおりである．ダーウィンは，1831年から1836年にかけてイギリス海軍の測量船ビーグル号で世界中を旅し，航海中にある地域から他の地域へ移動するにしたがって，動物相や植物相が変化していくのを観察した．この5年間の経験を詳細に綴った膨大な記録をもとに進化について研究した．そして「種の起源」で生物進化が事実であることを示すとともに，自然淘汰によって適応的進化が起こるという仮説を提唱した．その時以来，人類の起源は進化という基軸からアプローチされることになった．南アメリカのエクアドルの西約1000キロメートルの太平洋上に，10以上の島々からなるガラパゴス諸島がある．現在も大陸から遠く離れて隔離されているため，独特の進化を遂げているガラパゴス特有の生物が自然のまま数多く生息している．1835年にダーウィンはここを訪れ，島に生息するこれら生物を観察調査することから進化論のヒントを得たといわれている．そのヒントになったのが，ダーウィンフィンチ[1]（Darwin's finch）と呼ばれる小さな鳥である．ダーウィンは，島々でフィンチを詳細に観察するうちに，くちばしが少しずつ異なり，異なる種子を食べるのに適していることに気づくこと

図1-1　進化の基本パターン
出所）筆者作成.

になった（現在，ダーウィンフィンチ類は14種に分類されている）．細長いくちばしは，花の蜜を吸うのに適しており，ペンチのようなくちばしは堅い実を砕くのに都合よくできている．それは，いろいろなタイプのくちばしをもつダーウィンフィンチがそれぞれの生活によくマッチしていることを示していた．さらに，隣り合う島のフィンチはよく似ていること，また新しくできたと思われる島にいる種は，近くにある新しい島より古い方の島にいる種とよく似ていることなどを観察した．そこから古い島に棲む鳥の祖先が新しい島に渡り，別の種類になったのではないかと推測し，各々の種は各々の環境に適合して変化しているものの，その起源は古い島や大陸から移住してきた種が変化したものであると考えた．そして，①共通の祖先が分かれて別々の種が生じる，②環境に適合して個体が変化するという2つの仮説を組み合わせることにより，生物の進化をうまく説明できることに着目した．ダーウィンの進化論とはすべての生命体には，関連づけられる先祖（common ancestor）があるとして幅広く受け入れられている理論である．ダーウィンの基本的理論は，生命は非生命体から発生，発達，および純粋な自然主義の強調（突然異変）を前提としている．つまり，より複雑で高度な生物でもより単純な組織体から進化する．新しい種は遺伝子の突然異変から発生し，より優れた変異が維持され（自然選択説）これらの良性変異は次世代に継がれるとし，さらに長い年月をかけながら良性変異が蓄積し，全く異なった種の生物となっていくと唱えたのである．

　一般的には「生命体が生き残るのは，最も強い種が生き残るのではない．自然環境に適応し，変化する種が生き残ることができる」と理解されている．現在でも，この解釈は基本的には間違ってはいない．しかしながら，近年では鑑定検証の技術的発展によりDNAなど科学的手法が導入され，さまざまな新たな発見がなされ，ダーウィンの概念そのものも修正が加えられるという活発な

議論が起こっている.

1-2　不確実性と環境変化への適応

今日,企業を取り巻く環境は冒頭で述べたように世界同時不況といえる経済の不確実性の顕在化,インターネットに代表されるさまざまな情報技術の高速化,企業活動のボーダレスなグローバル化の影響で製品寿命といわれる製品ライフサイクル自体が短縮化され[2],たとえ新規性ある製品開発をしたとしても瞬く間に陳腐化するという厳しい状況にある.企業は,このような環境変化にいかに柔軟に対応し,適応行動ができるかがきわめて重要である.もし,この環境変化に適応する能力を持つことができれば,企業は生存し,さらに成長可能なチャンスを獲得できるのである.ここで,企業を取り巻くさまざまな事業環境について一度整理し,その環境変化が不確実性として,企業にどのような問題を与えることになるのかについて考察する.

企業は,経済学的な側面で見れば,市場経済のなかでさまざまな経済活動をおこなっている.資源市場からは労働力,土地,建物,設備,部品,技術,原材料,資本,株主,情報などさまざまな資源を入手し,それらを使って商品を生産し,商品市場で競合企業との激しい競争のなかで顧客へ商品を提供するという活動をおこなっている.つまり,これら一連の活動により,企業の事業活動を形成しているのである(図1-2).企業はこのような事業活動をおこなうことで資源市場と商品市場からさまざまな利害関係者の影響を受けることになる.先ず,資源市場では資源提供者との関係性をもち,商品市場では顧客との関係性とともに,競合企業からも脅威という大きな影響を受けることになる.企業の事業活動に影響を及ぼすこれらの直接的な利害関係者から形成される環境のことを事業環境という(中橋 2000).

このような事業環境を形成する多くの要素のなかで,もっとも企業へ不確実性という影響を与えるのは,商品市場における顧客と競合企業である.商品に

図1-2　企業の事業活動

出所）中橋（2000）を参考に筆者作成．

対する市場が成長すると，当然のことながら顧客数が増加し，売上高が伸び，そして事業規模の拡大となっていく．しかし，既存顧客にとっては，商品の市場浸透が進めば進むほど希少性や新規性という商品価値が喪失し，選好基準が徐々に変化していくことになる．また，市場規模の拡大とともに多くの競合企業の新規参入を招く結果となり，競合という脅威にさらされることになる．したがって，企業が顧客を確保しながらも新たな顧客を獲得し，さらなる競争優位性を獲得するためには，既存および潜在的な顧客と競合企業の行動をあらかじめ推測することが重要となる．しかし，その推測することが非常に困難性を伴うことになる．企業は，常に商品市場において，このような不確実性の問題と対峙しなければならない．

さらに，事業環境には，経済活動への規制緩和，地球温暖化対策や自然環境保護法などの規制強化などの一般環境の変化が取り巻いている．また，経済のグローバル化の進展による影響，貿易収支や失業率などのさまざまな経済指数，超少子高齢化問題やライフスタイルの変化などの社会問題も考えられる．これらの一般環境の各要素は相互に影響をおよぼしているだけではなく，事業環境を形成する諸要素にも変化をもたらし，企業の事業活動のあり方にも影響を与える．企業は，一般環境の変化が商品市場における顧客と競争相手の行動にどのような変化をもたらすのかを推測しなければならない．そして，資源市場において新たに入手可能な資源や知識を活かすことによって，推測される商品市場の変化へ的確に適応し，事業システムやビジネスモデルを変革させることにより進化させなければならない．しかし，一般環境の変化によってもたらされる商品市場の変化を推測し，変化に適応できる事業活動をどのように展開する

かについても不確実性がつきまとうことになる．

　環境変化はこのように不確実性をもたらすことになるが，そのことが企業にとって脅威となるだけでなく，チャンスも生み出すことにもなることを認識しなければならない．企業は，ほとんどの場合，環境変化に対して受動的な対応をしなければならない局面が多い．しかし，このような局面にあっても自ら積極的に新しい環境を創造するという強い意志と行動が必要である．企業の環境適応とは，環境変化がもたらす脅威に対する対応策を考えるとともに，環境変化の中に積極的にチャンスを探求し，そして切り開いていくことが重要となる．

1-3　進化論の経営組織論への導入
──コンティンジェンシー理論と組織エコロジー理論，共進化モデル──

　1960年代から1970年代にかけて，進化論の理論を経営組織の環境適応という視点で活発に議論されることになった．特に経営組織論の研究は，人と組織にフォーカスされた人間関係や行動科学と組織に関わるミクロ的なアプローチの組織論からコンティンジェンシー理論（contingency theory）という組織と環境適応への関係性に着目したマクロ的な組織論へと変遷していった．組織の環境適応とは，環境の変化に対して，組織はその構造やプロセスをどのように対応し，変化させて有効性を確立するのかということである．ゆえに，①環境と組織との適応パターン，②環境の変化に対して組織がどのように対応するのか，という2つのプロセスが重要な問題となる．

　ここで組織に影響を与える環境特性について考察する．これまで組織と環境の関係性は，組織論の領域にとって大きなテーマとして議論されてきた．組織と環境との関係性には，①組織内部の相互依存の関係性，②組織から環境への影響，③環境から組織への影響，④環境内部の相互依存の関係性，という4つのプロセスが存在し，その環境も時間の経過とともに生態系と同じように進化するという観点から①静態的で散在的な環境，②静態的で偏在的な環境，③動態的で競争的な環境，④激動的な環境，に分類した（Emery and Trist

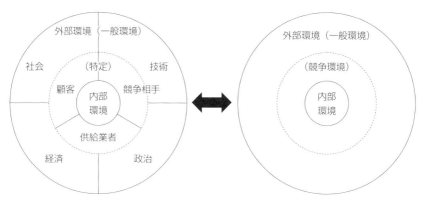

図1-3　組織環境の種類

出所) 左：大月・高橋・山口 (1997：111), 右：崔 (2002：166).

1965). それに対して，Luthans (1976) は組織を取り巻く環境を外部環境と内部環境に区分（図1-3）し，さらに外部環境へ間接的に影響を与える一般環境（社会・政治・経済・技術）と目標設定やその達成行動などに直接影響を与える特定環境（競争相手・顧客・供給業者）に環境特性を分類した（大月・高橋・山口 1997, 崔 2002）．このように経営組織の環境適応や戦略論は，生態系の進化という概念を組織論に組み込み，経済活動のさまざまな環境変化にフォーカスさせることにより活発な議論が展開されてきた．

　コンティンジェンシー理論は，状況適応理論ともよばれ，1967年 Lawrence and Lorsch (1967) によって発表された．この理論は，組織と外部環境との関係性に焦点をあてた最初のマクロ的組織研究として注目され，1970年代には組織論の中心的な研究動向になっていった（崔 2002）．組織には最適な形というものは存在せず，環境の変化に組織が適時適応していくことによって，組織が成長可能になり，つまりは進化すると考えられた．また，外部環境によって適切な組織の形態もそれぞれ異なり，人為的に作った組織も一つの有機体として捉えなければならないと考え，環境や技術，そして市場条件も異なる化学，食品，製造という3業種の産業を対象にして調査をおこなった．そのアプローチは，組織内分化 (differentiation) と統合 (integration) を主概念とする，組織の業

表1-1　コンティンジェンシー理論の特徴と意義

① 客観的な結果の重視
② 組織の環境適応の重視　→　組織の有効性
③ 組織を分析単位とした分析　→　組織の構造的なとくせいとその機能重視
④ 中範囲理論*の志向　→　実証研究の比較分析を通した経験的理論構築

注）*中範囲理論とは，カバーする領域の範囲及び抽象性の度合いにおいて中範囲である理論のことをいう．
出所）加護野（1980）より筆者作成．

績と分化，統合の関係性，産業構造と環境の不確実性についての問題意識であった．ここで発見された事実は，外部環境が組織内部の状態や事業遂行プロセスに適合していれば，その組織は環境変化に対して適応することができ，高業績をあげているということであった．しかしながら，組織の内部状態やプロセス，あるいは外部環境がそれぞれの産業によって異なっていることから，唯一無二な環境適応という最善の方法はないという議論がある．コンティンジェンシー理論の基本的な特徴と意義については，加護野（1980）が表1-1のようにまとめている．

　Hannan and Freeman（1977）は，1977年にコンティンジェンシー理論に異論を唱えて，エコロジー（ecology）という概念を経営組織論に導入して注目を浴びることになった（森 1992）．この組織エコロジー理論（organizational ecology theory）は，組織の進化プロセスそのものに焦点をあて，とりわけその淘汰過程を分析するという理論である．彼らの問題意識は，①個体で環境適応し変化できたとしても，種あるいは個体群として考えるとどうなるのか，②なぜ一つの個体が種へと全体化するのか，という点である．そして，種あるいは群を基礎として環境適合へのアプローチをおこなった．この組織エコロジー理論は，組織が淘汰圧力という環境変化に適応して生き残れるかどうかが問題ではなく，次世代に生き残れたのは，あくまで結果論に過ぎないのではないだろうかと論究している．つまり，生存できるかどうかの選択は自然そのものが決め，次世代に繋がる者は淘汰によって選別されるという考えである．要するに，残るべきものが必然性として生存していくという進化論的な考え方であり，個と

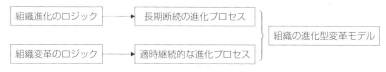

図 1-4　組織の進化型変革モデル

出所）大月（2005：60）より筆者加筆．

しての進化よりも淘汰による選別を中心とする理論といえる．さらに，組織の進化モデル研究は進展し，共進化（coevolution）モデルが Lewin, Long and Caroll（1999）によって新たに提示された．共進化モデルは，組織に淘汰圧力の影響を与える環境変化と個別組織レベル，個体群レベルの進化が同時に進行するモデルの構築である．つまり共進化は，環境の変化と組織の進化がお互いに連動するのではないかという問題意識を示唆した．その連動とは，組織に内在する① ミクロとマクロの両側面の共進化，② 内的レベルと外的レベルの共進化，③ 他の組織とのコラボレーションによる組織間の共進化，など多様なレベルで共進化が生まれることを示した．そして，共進化を変革という観点から捉えると，環境変化に連動して，環境適応を続けていかなければ，組織の存続は危うくなるという見方である．この変革を実現させるためには，環境変化に適応した組織変革のロジックと組織進化のロジックを組み合わせた進化型変革モデル（図 1-4）という新たなコンセプトの可能性がでてくる（大月 2005）．

　いずれにしても，「適者生存」の概念による進化論的なアプローチの観点は，組織を取り巻く激しい環境の変化やさまざまな不確実な経済状況下において，企業が存続するために変革といえる環境適応行動をとり，強い進化を繰り返しおこなわねばならないのである．

むすびに

　ダーウィンは，「生命体が生き残るのは，最も強い種が生き残るのではない．自然環境に適応し，変化する種が生き残るのだ」という「適者生存」の概念を

進化論で示した．これを企業に置きかえると「持続的な競争優位をもつ企業は，淘汰圧力といえる事業環境の変化に対峙しながら，柔軟に適応行動をおこない，成長してきたのだ」となる．当然ながら，経営者はどのような不確実な経済環境下であっても，企業存続と成長こそが大きな命題であることは間違いない．

ここにリアルマネジメントの世界でダーウィンの進化概念が頻繁に引用される依拠になっているのである．たとえば，ここ数年来，進化論の概念を導入した経営セミナーが全国各地で開催され人気を博している．現代社会は，インターネットを代表とする情報技術の高速化とそのコンテンツでもある検索サイトや交流サイトがすさまじい勢いで世界に普及し，リアルな情報が瞬く間に世界中へ伝達される時代となった．2012年9月中国で起こった尖閣諸島問題を起因とした激しい反日運動は，インターネットの検索サイトや交流サイトから恣意的に誘発されたものであったといわれている．誘発され暴徒化したデモ参加者は日本企業や商業施設を攻撃し，甚大な被害が発生し，今も日本製品の不買運動や邦人に対する治安問題などが続いており，中国市場での事業活動の不確実性を一気に露呈させることになった．今回の経験を踏まえて，国外で事業を伸ばすことを成長戦略に位置づけた多くの企業は，いつ・どこで・何が偶発的あるいは突発的に起こり，事業環境の激変という衝撃に対して，本当に適時適応の行動ができるのだろうかという課題に呪縛されることになった．ここで，経営セミナーでは，生態系の進化論の考え方を導入した組織進化論や組織の自己組織化（self organizing），組織の自己革新といわれる領域を中心に企業の組織改革や人材養成プログラムの導入教材として使用されている．セミナー受講者の最終到達点は，事業活動の進化型マネジメントの特徴である．新しい情報を巧みに素早く獲得し，その有効性を自ら創造し，新しい知識思考プロセスから内・外部環境の変化に対する適応力を形成することである．自己組織化とは，複雑系ともいえる混沌の中から新しい秩序を創り出すということである（野中・竹内・梅本 1996）．また，組織進化論は，情報創造をキーワードとして，ダーウィンの進化論のような変異 – 淘汰 – 保持というロジックを適用したものではない．但し，組織のなかで変異が発生し，組織全体がさまざまな共進化が生まれ，組

織全体が変革していくことと組織が継続性をもって進化していくことを考えれば，進化論のプロセスの有効性が理解できる．そして，組織のなかには，スピンアウトするような異端存在の必要性がよくいわれるが，それは組織進化論によるものである．異端存在は，硬直した組織に変異を発生させ，継続的に進化していくための起因になることから必要とされる．

　最近日本で明るい話題は，冒頭で記述したように画期的な iPS 細胞を発見し，ノーベル生理学・医学賞を受賞した京都大学 山中伸弥教授があげられる．そして，もう一つ筆者が是非ともあげたいのが2010年6月の小惑星探査機「はやぶさ」の地球帰還のニュースである．その帰還までの苦難に満ちたストーリーは，NHK をはじめ多くのテレビ局などによりドキュメンタリー特集や映画化されることになった．また全国各地で帰還カプセルの巡回展示が開催され，88万人という多くの「はやぶさ」ファンを集めたことは周知のとおりである．その人気の理由は，「はやぶさ」が多くの困難極まりないトラブルに遭遇しながらも宇宙航空研究開発機構（以下JAXA）のエンジニアたちが知恵を絞り，幾多の難問を次々と解決させて無事帰還させたことが人々に大きな感銘を与えたからである．「はやぶさ」プロジェクトは，マネージャー川口淳一郎をトップとしたピラミッド型組織であるが，その下にそれぞれ独立型のブランチとして専門部門別の小チームが編成されていた．そして，開発段階では小チーム単位で研究が進められたが，同時にチームにはもう一つの課題が指示されていた．それは，想定から想定外まで考慮した無限大ともいえるトラブルとその対応策の明示化である．そして，部門別小チームは，川口により幾度となく招集され，議論をとおして情報の共有化とトラブル発生時の緊急事態対応のシミュレーションを準備していった．その緊急事態に対応させるために費やした議論は，実に5235時間におよぶことになった．そして，最終的にプロジェクトチームは，このシミュレーションから約3600パターンにものぼるオプションを準備していたそうである．その準備プロセスでの議論から，川口をトップとしたJAXA「はやぶさ」プロジェクトのエンジニアたちは，暗黙知（tacit knowledge）[3]のさまざまな技術スキルの共有化と形式知（explict knowledge）[4]といえる知識レベル

の向上がはかられたのである.そして,この暗黙知と形式知を組み合わせることにより,リーダー川口のトラブル発生による緊急事態に対して,現場で適時適切に判断する実践知(practical wisdom)となったと考えられる.今回のJAXAの成功経験の価値は,新たな宇宙開発への進化をもたらすことになるであろう.

これまで述べてきたように企業は,多くの不透明で不確実な経済環境下にあり,「はやぶさ」のように幾多のトラブルに遭遇しながらも問題解決し,無事生き残って帰還させるにはどうすればよいのだろうか.Drucker (1973) は,従来のプランニングとは,先ず一般的に何がもっとも起こりそうかということを考えていた.これに対して,現代社会の不確実な状況下の時代では,未来を変えるものとして,何がすでに起こっているかを考えねばならない.プランニングは,思考であり,行動そのものでもある.それは,体系的な意思決定をおこない,その意思決定を実現するための行動を体系化し,成果を予期したものへ体系的にフィードバックするという一連のプロセスのことである.つまり,いかなる未来をも今日の思考と行動に折り込むかが重要であると提言している.

本章における生態系の進化論から学ぶべき示唆とは,企業が環境変化に適応し存続するためには,① 用意周到なリスクヘッジ型のシミュレーションと行動オプションの構築,② 鋭敏化された実験的ともいえる継続性ある適応行動から生まれる企業変革,が必要になると指摘したい.重要なことは,持続的な成長には変化や転換が不可欠であるということである.生態系の進化のプロセスで時として大きな変化を遂げたように,事業活動の進展にも大きな転換が必要となる.

[付 記]
　本研究は,平成23−24年度科学研究補助金(研究活動スタート支援(課題番号23830110)「アパレル企業におけるビジネスモデルの進化── SPA 型から FF 型へ──」の研究成果の一部である.

注
1）ダーウィンフィンチ（Darwin's finch）

　　鳥綱スズメ目ホオジロ科に属するダーウィンフィンチ属 Camarhynchus 6 種，ガラパゴスフィンチ属 Geospiza 6 種，ムシクイフィンチ属，Certhidea 1 種，ココスフィンチ属 Pinaroloxias 1 種など計14種の鳥の総称のこと．これらは，ガラパゴス諸島とココス諸島に住み，本来は嘴（くちばし）の形や体形，色彩などの点で相互に近縁のフィンチ類が，主として穀食や昆虫食などの食物の食べ分けにより同一系統から種々の嘴に進化した鳥で，イギリスの進化論者 Darwin がその進化論の重要な材料としたことで有名で名の由来となっている．適応放散の典型的実例とみられ，なかには小枝やサボテンの刺を道具に使って昆虫などを食べる種がいることでも知られる．この類にはガラパゴスフィンチの別名もあるが，そのうちの１種ココスフィンチはガラパゴス諸島には分布していないので，類の厳密な名称としてはダーウィンフィンチのほうが適切である（日本大百科全書，小学館）．

2）製品ライフサイクル

　　個々の製品に関する市場成長のモデルのことである．これは，一つの製品のライフサイクルを通常市場導入期・成長期・成熟期・衰退期という４つの期間に分けて，それぞれの期間は市場成長率に特徴がある．成長期は成長前期と成長後期に分けられることもある．市場導入期は開発された製品が最初に市場で販売され始める時期であり，市場がその製品の価値を認知することに時間が費やされるので，きわめて市場の成長率は低い．その後に続く成長期は，急速に製品普及が高まる時期で，高い成長率が特徴である．やがて普及の高まりとともに市場の拡大が鈍化する成熟期に到達する．この期には市場成長率がプラスからマイナスに転換する．そして，代替製品の出現などによって，市場が収縮する衰退期を迎えることになる．この期における市場成長率はマイナスとなる．市場成長率は個々の製品に対する戦略的判断にとって，きわめて重要な要素であるが，すべての製品の市場成長が製品ライフサイクル・モデル通りの経過をたどるわけではないので，慎重な判断が不可欠となる．

3）暗黙知（tacit knowledge）
4）形式知（explict knowledge）

　　知識とは言語化あるいは体化された蓄積情報であり，認識論あるいは知識論の伝統を承けて，言語化・体態化可能な形式知と，それが困難な暗黙知の２つに分けられる．形式知は命題として明示的に表現され，化学の公式や製品仕様，またはコンピュータ・プログラムなどの形で伝達・共有が容易になされる．他方，暗黙知は，工匠の熟練を典型とするノウハウなどの技術的な知と，世界に実在についてのイメージ，視点としてのパースペクティブやメンタルモデル，より端的な思いや信念などの認知的な知から構成され，個人の全五感と通じて獲得される経験に基づく．すなわち，暗黙知とは，明示化された形式知を支える，語りきれない膨大な知である．暗黙知はきわめて個人的であり，言語化が困難なため，他者に伝達することは難しい．カール・ポランニー（Karl Polanyi）によると「知ること」とは，主観が細目や手がかり（近接項）に関与し，暗黙知に統合して全体のパターンや意味（遠隔項）を認識することであり，これは特定の文

脈における対象への個人的なコミットメントに深く根ざしている．ポランニーの知識観は，既存の客観主義的・科学的アプローチとは異なる個人の主観的・能動的な関与と暗黙知的なプロセスに着目した新しい知識創造の方法論を示唆している．

第2章

ファッションビジネスの歴史的変遷

はじめに

　ファッションの世界で歴史的にビジネスとして成立したのは，16世紀のフランスルイ王朝の時代に始まったといわれている．当時は，ある特権階級の人々の間で象徴的なコスチュームと位置づけられ，多くの御用達職人の分業システムによって生産されていた．ファッションが一般大衆へ広がっていくためには，①衣服に対する関心の高揚，②購買力の向上，③商品の生産体制，という条件が必要となる．1789年フランス革命によってルイ王朝が終焉を告げ，民衆による民主社会が誕生し，1830年に起こった7月革命のときにはフランス復古王政のシャルル10世の言論弾圧などに対して，ブルジョワ共和派を支持するパリ市民が蜂起して，絶対主義体制を倒し，実質的な平等思想を強めそれを実現しようとしたものであった．その一つの行動として，特権階級のファッションへの同化志向を強めて，ファッションスタイルを模倣するようになったという．そして，ヨーロッパの自由主義運動やナショナリズム運動に大きな影響与えると共にファッションビジネスも各国で生成されていくことになった．衣料品専門店が誕生し，商品を陳列し，通行人にアピールする工夫もおこなわれていた．さらに1830年ごろにイラストや商品知識を掲載したモード雑誌も発行され，情報を得た大衆のファッションへの関心は著しく向上していった．1850年代から

パリで画期的なビジネスモデルが生まれ，1870年フランス第二帝政の崩壊に伴い，これまで以上に大衆社会の思想が進展し，ファッションスタイルも大きく変貌した．このようにファッションビジネスは，誕生期から現代に至るまで，さまざまな時代背景の影響を受けながら進化を続けてきた．

本章は，時系列に日欧のファッション史を振り返りながら，ファッションの進化プロセスをビジネスモデルの変遷と捉え，ビジネスの生成と進展，現状分析と問題点を明らかにする．

2-1 西洋のファッションビジネスの変遷

中世・近世の封建的社会においては，厳然とした階級制度が存在しており，コスチューム的なファッションは一部の貴族や上流階級のものであった．そして，さまざまな時代の変化や生活様式の変遷を経て，主体は貴族から富裕層へと移行していった．現代社会においては一般大衆が経済的，時間的余裕を持つようになり，自由なライフスタイルに合わせて，ファッションを楽しむことができるようになった．ファッション史を振り返ると大きな転換期が明らかになってくる．

1850年代に入り，パリにオートクチュール（haute couture）システムが誕生する．イギリス人であるシャルル・フレデリック・ウォルト（Charles F. Worth）は，このシステムを確立することで，デザイナーの社会的地位を確立させ，以来パリがファッションの中心的役割をも担うようになった．この当時，顧客（注文者）は自ら生地や装飾品を探して購入し，そのパーツを仕立屋に持っていき，仕立屋が注文者の身体に合わせて，相談を受けながらデザインし，最後の縫製は仕立屋とは別に存在する針子（縫製作業）が請け負うというシステムだった．これは当時のギルド制[1]という仕組みが背景にあったと考えられる．ウォルトはこのようなシステムの非効率性の改善に取り組み，1858年自らウォルト・メゾンを設立した．メゾンでは，事前に複数のデザインサンプルを用意

し，マヌカン（モデル）に試着させ，それを顧客が自由に選択し，その後身体のサイズに合わせて商品をつくるというビジネスモデルであった．デザイナーの役割は，生地の選定やデザイン創作，生産管理，仕上がりの見直しチェックまで，すべてを一元管理する重要な立場となった．顧客は，これまでの不便さを解決する利便性の高いメゾンに殺到することになった．またビジネスの側面から見ると，メゾン専属マヌカンの採用や年4回の創作衣装の発表会（コレクションショー）など，現代にも通じる戦略とクリエイティブな創作活動を統合するビジネスモデルであり，見事に意図した効率化に成功したといえる．さらにウォルトは，顧客同士が同じデザインの服を同じ場所で着ないように，顧客の住む場所や服を着ていく場所など，すべて聞き取り調査をおこない，顧客情報管理もおこなっていた．このウォルト・メゾンの成功によって，追随するようにパリに多くのメゾンが誕生していった．

一方，ウォルトのメゾンで働いていたポール・ポワレ（Paul Poiret）は，高品質で高価格なウォルトの商品より低価格化を実現し，幅広い多くの客層を対象にした商品展開を考えた．1903年，ポワレは独立しメゾンポール・ポワレを設立した．1906年，画期的なデザインのハイ・ウェストドレスの「ローラ・モンテス」を発表した．このデザインは，これまで女性のウエストを締めつけてきたコルセットから解放したという点で，その後のファッション史に残る革新的な作品であった．1911年には，動きやすさを追求してデザインした「キュロット・スカート」を発表し，その他多くの独創性に秀でたデザインを次々と発表した．また，ポワレはウォルトの顧客ニーズをビジネスに組み込むという要素に影響を受けており，これまでにのオートクチュールに比べて，より低価格の実現や機能的なデザインによって，多くの顧客層へファッションを遡及させた功績は大きい．しかし，一般大衆にとって，個人による受注生産システムの注文服は手の届かない高額品であったことは間違いない．

ところが1940年代後半，プレタポルテ（prêt-a-porter）という新たなシステムが生まれた．オートクチュールに対し，プレタポルテは直訳すると「（すぐ）着られるための服」＝「既製服」となる．既製服は「大量生産⇔（卸売り）⇔

販売」という流通の仕組みをとる．しかし今日，一般には大量生産の既製服はレディメイドといわれ，プレタポルテは「高級既製服」という限定された意味合いを持つ．1947年クリスチャン・ディオールがメゾンから独立後初めてのコレクションで発表した「ニュールック」は世界的な大反響となった．ニュールックの計算された曲線のデザイン表現は「オーガニックモダニズム」と表現された．これまでの直線的なフォルムとは異なるもので，ファッションのみならず，インテリアなどの工芸品，芸術作品などさまざま分野にも影響を与えた．また，同じころ米国でもアメリカンファッションが生まれることになった．米国では，欧州と違った自国のファッション，つまりアメリカンスタイルを意識したスポーツウェア（カジュアルウェア）をベースにした，シンプルかつ性能性，着心地がよく着やすいという特徴をもつ製品が人気となった．1950年代に入り，ファッションはクリスチャン・ディオール中心のライン時代と表現でき，毎年のように新しいシルエットをパリコレクションで発表していった．そのような流れのなかで，バレンシアガは，よりシンプルで機能的なデザインを発表し人気を博した．ディオールは，毎年パリコレクションを通して，「Hライン」「Aライン」「Yライン」「マグネットライン」と次々と発表し，ファッション業界をリードしていった．現在プレタポルテコレクションはパリ，ロンドン，ミラノ，ニューヨーク，東京の五大コレクションといわれ，春夏物と秋冬物として年2回発表され，その情報は瞬く間に世界中に広まり，世界のファッション業界を牽引しているといわれている．1960年代は，高級既製服であるプレタポルテが米国に代表される大きな市場の消費者層を相手にするアパレル産業へ細分化されていった時代といえる．既製服も高価格から低価格まで幅広い商品が市場浸透し，本格的なファッション産業を形成していった．そして，この時代に新たな変化を生み出したのは既製服を着る若者の新しい文化であった．モッズルック[2]やミニスカート，ヒッピー[3]ファッションなどオートクチュールやプレタポルテから派生したファッションではなく，若者が自由にファッションを選定し，自らのアイデンティティを主張し始めたのである．さらに1970年代をきっかけにファッションは大きく変化し，デザインの多様化や組み合わせ（コー

ディネーション）というバリエーションの時代となった．ファッションデザイナーが束縛のない自由なコレクションを発表し，消費者は自由に個人の好きなものを選ぶことがファッションスタイルとなった．高田賢三による日本やアジア，アフリカ，東欧などの民族衣装をテーマにしたフォークロアファッションが人気を博した．一方，ロンドンのパンク・ロックから生まれたパンクファッションが誕生し，米国のカルバン・クラインは，ハイファッションのデザイナーとして初めてジーンズコレクションを発表した．1980年代，ミニスカートの復活やパンツスタイルの多様化，ボディ・コンシャス（body-conscious），レイヤード（重ね着）などが提案され，デザイナーによりコレクションの傾向が大きく変わり，パーソナルな色合いが強くなっていった．唯一共通していることは，デザインが機能的で実用的なものであることであった．

　また，ミラノやニューヨークのファッションが急成長した時代でもある．ミラノではジョルジオ・アルマーニ（Giorgio Armani）やジャンフランコ・フェレ（Gianfranco Ferré），ジャンニ・ヴェルサーチ（Gianni Versace）などが3Gとして注目を集め，実用性と装飾性を兼ね備えたファッションで確固たるポジションを獲得した．特徴は，アルマーニはレディースウェアの柔らかさをメンズウェアに取り入れ，メンズウェアの機能性をレディースウェアにも応用させるという新しいフォルムを誕生させた．ニューヨークではラルフ・ローレンやカルバン・クライン，ダナ・キャランなどが洗練された都会的なスタイルを打ち出して人気となった．1990年代からは，ファッションビジネスのグローバル化によってSPA型ビジネスが進んだ時代といえる．世界のファッション産業は1989年ベルリンの壁崩壊以降，大きな転換期を迎えることになった．グローバル化の進展は，企業の生産拠点を海外に移すことを可能にし，より低賃金で労働力を手に入れることが可能になる．具体的には東欧や中国などアジア地域に生産拠点が移り，途上国側も外資を導入して輸出産業の振興に力を入れていった．ファッションビジネスは，企業戦略やマーケティングなどに力点を置いたデザインやスタイリングとなり，ライフスタイルを基軸とした商品開発を競うことになっていった．ここで大きく成長したのがラグジュアリーブランドであるル

表2-1 年代別ファッションビジネスの変遷

年　代	ファッションビジネスの動き
1700年代	・ロココ時代のファッションが開花する ・男性女性ともコルセットで身体を締め付けるシルエットが流行する ・婦人の髪型が巨大化する
1800年代	・フランス革命が起こる ・ナポレオン皇帝のミニタリーコート風ロングジャケットが流行 ・マリー・アントワネット王妃の豪華絢爛なシルクやベルベットのファッション➡貴族ご用達の**職人分業システム**が確立 ・男性は，長ズボン，ジャケット，ジレ，クラヴァットを着用
1850年代	・パリで**オートクチュール**が誕生（現代につながるファッションの芽生え期） ・百貨店の誕生（ボンマルシェ） ・ウォルトがメゾン設立（**ファッションビジネスの誕生**） ・シンガーミシンの改良と普及 ・ミシン縫いの衣服が普及 ・旅行着の着用が広がり始める ・テーラードな婦人服が次第に普及 ・男性礼装の洋装令 ・プリンセススタイルの流行 ・コルセットが華美になる ・自転車の流行により，サイクリングドレスとしてブルーマーが広がる ・化学繊維のビスコースとレーヨンの発明 ・テーラードスーツの流行
1900年代	・ポアレが「ローラ・モンテス」を発表 　**コルセットからの解放**➡ウエストで支えず，肩で支える服へ ・ファッションデザイナーがデザインを競う時代 ・型紙（パターン）による洋服作りが始まる ・ジャポニズム・モードが流行
1910年代	・パリオートクチュール組合設立 ・第1次世界大戦勃発（1914-1917年） 　大戦後，女性の社会進出が進み，仕事を中心にした合理的なファッションへ ・シャネルがカシミヤジャージーを使用したスーツを発表 ・男性の軍事用だったトレンチコートが一般的なファッションとなる ・スカートが短くなり，膝丈になる ・スリップ型の下着が発表される
1930年代	・ガルソンヌ・スタイルの誕生（開放された女性へ）
1940年代	・シャネルの登場（帽子デザイナーからファッションデザイナーへ） ・C. ディオールが「ニュールック」を発表 ・社会進出する女性のためのファッション ・第2次世界大戦後　高級既製服である**プレタポルテ**が誕生する
1950年代	・ファッションは「ニュールック」全盛期となる

1960年代	・C. ディオール,P. バルマン,ニナ・リッチ,P. カルダンなどパリのデザイナーがファッション業界をリードする ・ミニスカート誕生 ・ブランド力競争,ライセンスビジネスの時代→マーケティングの導入
1970年代	・脱ヨーロッパ カジュアルファッションが大流行 ・ポロ(ラルフローレン)やリバイス・リーのジーンズブーム
1980年代	・アバンギャルドな時代(既成概念の打破),イタリアブランドのブーム 　J. ゴルチエ,山本耀司,G. アルマーニ,G. F. フェレ,G. ヴェルサーチ,ベネトン,クーカイ,ステファネル
1990年代	・ラグジュアリーブランドの世界戦略,**SPA ビジネスモデル**の誕生 ・高級大衆消費社会が世界中に拡大し,ブランドのポートフォリオを組むことでリスクヘッジすることをめざし,ラグジュアリーブランドは M&A を繰り返した.ルイ・ヴィトン,グッチ,プラダ,シャネル,エルメス,バレンチノ,ブルガリ,ティファニー,ロレックス
2000年代～	・SPA ビジネスモデルの急成長と高度化.さらに**ファストファッションビジネス**へ移行する ・GAP が導入した SPA 型ビジネスモデルが瞬く間に広がりを見せた ・ファッションが高速スピードの時代へと変化 　ZARA,H&M,FOREVER21,TOPSHOP,UNIQLO など ・消費者の価値観の変化から**ライフスタイルビジネスの誕生**

出所)各種資料より筆者作成.

イ・ヴィトンやグッチ,プラダ,シャネルがあげられる.また2000年代に入り,マス市場においてファストファッションといわれるスウェーデンの H&M やスペインの ZARA,ユニクロがグローバル企業としてファッションビジネスを牽引している.また,スポーツウェアではナイキやアディダス,プーマなどスポーツ専門企業がファッション化を図り,スポーツとファッションの垣根を越えて急成長している.

　このようにオートクチュールやプレタポルテに代表されるラグジュアリーブランドがある一方で,今日ではリアルクローズといわれる低価格帯でスタイルを楽しむ SPA 型ファッションやファストファッションやスポーツブランドが,われわれにとって最も身近な存在として位置づけられ,ファッションの二極化時代といわれている.

2-2　パリのファッション産業集積

　パリは,「モードのパリ」「パリのファッション」と世界中の女性からおしゃれな街,憧れの街として有名である．なぜパリがファッションの中心地として認知されているのだろうか．それにはフランスの国家戦略という政策的な要因が指摘できる．

　百年戦争（イングランド王とフランス王の間で起こった戦争で，1337年から1453年の間に，数度の休戦期間を挟みながらも，1世紀以上に渡り続いた）終結後，ルイ11世（1423-1483年）は，戦後の経済復興政策の一つとして，現在のリヨンにシルク繊維を中心とした織物工場を設立した．フランス経済が復興すると宮廷を中心に服装は煌びやかに贅沢になり，17世紀前半には貴族から富裕層の一般市民へと贅沢は広がり，そして産業としての繊維およびファッションは成立していくことになった．そして，ルイ14世（1643-1715年）は，ファッション産業を国家戦略として育成しようとした．そこで，国王の右腕といわれるコルベール（Jean-Baptiste Colbert）に指示し，1667年王立特権織物製造所をリヨンに設立させ，シルク加工技術の先進国であったイタリアの織物職人を高額の報酬を与えて招聘し，フランス独自のシルク繊維を開発するためにイタリア技術を導入させながら，一つの産業として確立させていった．さらに，王立特権マニュファクチュアを設立し，同じく高待遇でオランダから熟練織物職人を集め，オランダ風や英国風の毛織物の生産を開始した．さらに，3人のフランドル人（現ベルギー北部からオランダ南部に跨ぐ地域）が工房としていたゴブラン工房を買収して，王立タピストリー工房を設立し，画家であり装飾美術家として有名な芸術家を工房長に就任させた．現代でもゴブラン織という名称は，正式には17世紀当時の手法を伝えるフランスの国立ゴブラン製作所製造の完全手作業の芸術品だけをさしている．また，フランス各地に設立された王立のレース工房は，当時レースの大流行があり，18世紀に入ってから，その技法の研究開発の成功により，

フランスレースはこれまでにない洗練されたロココ的優美なものとなった．

このように17世紀以降フランスは，ルイ王朝による国家重点施策として，他の国々と際立って競争優位を確立させたのは繊維とファッション産業であった．つまり，ルイ王朝によるコルベール主義といわれる国家プロジェクトは，パリの歴史的産業集積の形成を戦略的に推進したことによって存立したのである．日本においても伊万里の陶磁器や全国に点在する伝統的繊維などの地場産業は，当時の領袖によるリーダーシップにより，産業形成されたことが多い．このことからも現代社会で欠如しているといわれるリーダーシップの重要性を確認することができる．

2-3 日本のファッションビジネスの変遷

第2次世界大戦後，日本経済における資本主義導入や政治の民主化，そして社会システムの成熟度に合わせるように，一般国民所得が急増し消費する豊かな生活感が満たされるようになった．そして戦前の質素倹約型から大量消費型へ国民の消費行動は移行し，特に女性の高学歴化と社会進出，大都市のみならず地方都市も含めた商業施設の整備開発により，ファッションビジネスは日本の消費財を代表する大きな産業となった．特に，ファッションビジネスの代名詞といえるアパレル（apparel）とは，「衣服」という意味の英語であり，和服以外の西洋服系の衣服のことである．その中心になるのは，レディス（女性服），メンズ（紳士服），キッズ（子供・ベビー）のアウターウェア（外側に着る服）であるが，ランジェリー，肌着，ファンデーション，ネクタイ，スカーフ，帽子，手袋，靴下，なども含まれる．しかし，一般的にアパレルといえばレディス，メンズ，子供までの衣料というイメージとして捉えられる．

次に，戦後の年代別のファッションビジネスの変遷をまとめてみる．

(1) 1950年代（戦後復興期）生活復興の時代 ➡ 人間らしい生活への欲求が芽生える

戦後，国民の服装は戦前の和装から戦中のもんぺの時代を経て，洋装化していく時代となっていった．終戦直後の更生服（再生古着）や復員服時代から1946年には『装苑』が復刊され，さらに『それいゆ』が創刊されて，型紙付きスタイルブックを見ながら手縫いや手編みの洋裁ブームとなった．1955年にはドレスメーカーや文化服装など公認の学校だけでも全国で5000余校の洋裁学校が設立されていた．その背景には，既製服がまだ高額品で多くの商品が市場に出回っていない時代であり，家事の大切な一部として，洋裁があったと考えられる．

また，第2次世界大戦によって，日本はあらゆる生活必需品（衣食住）の生産手段を失ってしまったため，政府は衣料品製造事業者を国策として外貨獲得ツールの一つとして優遇した．そして，日本市場自体も消費者の生活必需品は，着物から洋服へとスタイリングが大きく変化した時代であった．1947年にクリスチャン・ディオールが発表したニュールックは世界中で大流行し，日本でもその影響が大きく及ぼした．ニュールックファッションの特徴は，丸みある肩と胸，細く絞られたウエスト，そして裾の広がったスカートが女性の身体をス

表2-2　1950年代の動き

年代	ファッションビジネスの動き
1945年	・第2次世界大戦が終戦となり，欧米のファッションが入ってくる
1949年	・**服装教育**が盛んとなり，専門誌『ドレスメーキング』が創刊され，和装から洋装へと家庭内でも手縫いの**洋装ブーム**到来する ・学校教育でも家庭科で洋裁を学ばせるなど，一気に社会は洋装化となる
1953年	・デザイナーのクリスチャン・ディオールが来日 ・全国の百貨店でパリの**オートクチュールサロン**が開設され，富裕層を中心に注文服がブームとなる
1958年	・デザイナーのピエール・カルダンが来日し，高級ブランドの**プレタポルテ（既製服）**売場が次々と百貨店や有力専門店を中心に開設される ・プレタポルテの誕生により**洋服が一般大衆の消費者へ市場浸透**する

出所）各種資料より筆者作成．

ッキリ見せるスタイルで，キャリア女性にとっても動きやすいスタイリングであった．樫山やレナウン，三陽商会などアパレル企業は男性向き衣料中心から女性ファッション事業へとビジネスの基軸を移行させることになっていった．

(2) 1960年代（日本の高度成長期）注文服から既成服の時代へ本格的にビジネスが移行

国内アパレルメーカーが本格的にビジネスを始める．代表的な企業は，樫

表2-3　1960年代の動き

年　代	ファッションビジネスの動き
1960年	・日本初のファッション専門誌『ハイファッション』が文化出版局より創刊される ・**文化服装学院**「花の9期生」の金子功，コシノ・ジュンコ，松田光広，高田賢三などが人気デザイナーとなり，多くの作品を発表する ・第7回装苑賞コシノ・ジュンコ，第8回高田賢三が受賞し，マスコミに大きくとりあげられ，**日本人デザイナーブランドがブーム**となる ・米国東海岸の名門大学の学生が着る「アイビースタイル」を提唱したヴァンヂャケット（1947年石津謙介が創業）のVANブランドが若年層を中心に大ブームとなる
1962年	・衣料専門店「鈴屋」鈴木義雄社長就任し，**ナショナルチェーン専門店**として，全国展開をはじめる ・アパレル企業のデザイン部門に文化服装学院卒業の若手デザイナーを積極的に起用する
1963年	・三愛ドリームセンター銀座のデザイナーに高田賢三と松田光広が就任 ・小松ストアーのデザイナーにコシノ・ジュンコが就任 ・ナショナルチェーンをめざす衣料品専門店は，若手デザイナーを積極的に起用した，**プライベートブランド（PB）**を開発する
1964年	・東京オリンピックが開催され，当時アイビー風のみゆき族ファッションが大ブームとなる ・ヴァンヂャケット（VAN）は，日本チームの公式ブレザーを提供した
1967年	・松田光広によって，ニコルが創業され，ブティック・ニコルを開店 ・第21回装苑賞に山本寛斎が受賞し，KANSAIブランドを発表 ・**ミニスカート**の妖精といわれたファッションモデルのツイッギーが来日し，日本中が注目する
1968年	・西武百貨店渋谷店の**自主編成売場**である「カプセル」の商品群に三宅一生，菊池武夫，山本寛斎，川久保玲の作品が採用される
1969年	・第25回装苑賞 山本耀司，第26回装苑賞 田中三郎が受賞し，日本デザイナーの個性的で差別化されたデザインを競う時代の到来

出所）各種資料より筆者作成．

山・ワールド・イトキン・レナウン・三陽商会などがあげられ，百貨店や専門店に対してメーカー機能を発揮した時期である．洋装文化は，1950年代の生活必需品から商品開発力（デザイン・マーケティング）とブランドをもつ企業が主流となっていき，ビジネスモデルとして川上・川中・川下の棲み分け型分業システムが構築された．また，1964年の東京オリンピック，高度経済成長，学園紛争など大戦後世代の若年層をターゲットとしたアイビールックが流行した．石津謙介が創業したヴァンヂャケットの「VAN」ブランドは，当時筆者もかなり影響を受けたが高校生や大学生を中心として瞬く間に市場浸透し，ポロシャツやYシャツのワンポイントカジュアルが大衆化され，新しいファッション動向が顕著になっていった．

（3）1970年代（個性化の時代）企業のマス・マーケティングと個性派デザイナーのニッチマーケティングの両立（原宿マンションアパレル＝DCブランドの黎明期）

1960年代に市場ポジションを獲得したアパレル企業は，大都市商業施設の再開発に合わせて急速にブランドショップを展開し，既製服が消費財として大きな市場を形成していくことになった．大手アパレル企業と百貨店との関係性は，商品委託販売と販売代行制度の成立により，深耕化が進んでいった．百貨店の安定した成長に歩調を合わせるように，多くの企業が株式上場を果たし，大企業化していく．反面，文化服装学院出身の若手デザイナーが独立し，次々とオリジナルのDCブランドを発表し，大ブームとなる．全国展開のナショナルチェーン専門店となった鈴屋と三愛がDCブランドの有力な販売チャネルとして確立していった．市場における消費者ニーズは多様化し，ファッション雑誌『アンアン（an・an）』や『ノンノ（non-no）』などが次々と創刊されて団塊世代のヤングカジュアルブームが起こり，日本で最初のブランド集積商業施設のファッションビル渋谷パルコが開業した．その成功によって，森ビルがファッションビル業態であるラフォーレ原宿を開業し，その後全国にファッション専門の商業ビルが次々と開発されていった．DCブランド企業は，ファッションビ

第2章 ファッションビジネスの歴史的変遷　37

表2-4　1970年代の動き

年　代	ファッションビジネスの動き
1970年	・ファッション雑誌『an・an』（平凡出版），『Elle japon』（婦人画報社）が創刊 ・デザイナー菊池武雄が大楠祐二と株式会社ビギを創業 ・デザイナー三宅一生がデザイン個人事務所を設立
1971年	・専門店ベルブードア銀座（鈴屋系列）が三宅一生，川久保玲，山本耀司らの商品を取り扱う ・ファッション月刊誌『non-no』（集英社）が創刊 ・アメリカンカジュアルがブームとなる
1972年	・デザイナー山本耀司がアパレル企業としてワイズを創業 ・オンワード樫山が**海外進出**し，米国法人とフランス法人（73年），イタリア法人（74年）を設立
1973年	・ISSEY MIYAKE，KENZOがパリコレクションに初参加 ・川久保玲がコム・デ・ギャルソンを創業し，海外でも注目される ・日本最初のDCブランドを集積した**ファッションビル**「渋谷パルコ」が開業
1974年	・TD6（Top Designer 6）が発足（菊池武夫，山本寛斎，松田光弘，金子功，コシノジュンコ，花井幸子） ・1978年にコシノヒロコ，吉田ヒロミ，川久保玲，山本耀司が加わり，1981年に「**東京コレクション**」と銘打って作品を発表➡現在，東京ファッションデザイナー協議会の前身といえる ・マンションアパレル企業が複数のブランド，デザイナーを擁して**グループ化**を図る 〈ビギグループ〉 　ビギ，メンズ・ビギ，メルローズ，ディグレース，ピンクハウス 〈ニコルグループ〉 　ニコル，ブティックニコル，ムッシュ・ニコル，マリコ・コウコ，ニコルクラブ，ニコルクラブフォーメン 〈オールファッションアート〉 　バツ，メンズ・バツ，ミニバツ 〈アトリエサブグループ〉 　アトリエサブ，アトリエサブフォーメン，レイコ・ヒラコ，ASスタジオ
1975年	・ファッション雑誌『JJ』（光文社）が創刊される． ・神戸ファッションのニュートラディショナル（通称ニュートラ）が注目される ・百貨店のファッションを中心とした店舗改装が推進される
1976年	・ファイブフォックスが創業 　コムサデモード，コムサデモードメン，バジーレ28を専門店中心に販路として全国展開 ・男性雑誌『POPEYE』（マガジンハウス）が創刊される．
1977年	・サンエーインターナショナル（1949年創業）が急成長 　ビバユー（VIVA YOU）が人気となり，全国展開のブランドに成長する 　その後，ボッシュ（'79）やピンキー＆ダイアン（'81），アルバタックス（'83），ノーベスタジオ（'84）と次々とヒットブランドを発表する ・日本人デザイナーとして森英恵が初めてパリオートクチュール組合に加盟
1978年	・ファッショントレンド発信源となった森ビルの商業ビル「ラフォーレ原宿」が開業 　原宿の独立系マンションメーカーを多数誘致し，原宿という好立地から全国規模の若年層に人気 ・ヴァンヂャケットが倒産する

出所）各種資料より筆者作成．

ルへの出店をとおして，全国展開をめざし，経営資源の乏しさを補完するために，ブランド間の連携・統合合併などグループ化を模索し，事業の拡大を推進した．まさに日本市場は，ファッション化時代到来といえる時期となった．

（4）1980年代（多様化の時代）DC ブランドの成熟と若年層を中心にファッションビルへ

バブル景気の始まりとともにファッション衣料消費も上昇志向が強まり，ラグジュアリーブランドのルイ・ヴィトン（Louis Vuitton）やエルメス（Hermès），シャネル（Chanel），グッチ（Gucci）などの高級バックブームを契機に欧米のイ

表2-5　1980年代の動き

年　代	ファッションビジネスの動き
1981年	・森英恵が突破口となり，YOHJI YAMAMOTO, COMME DES GARCONSなど日本人デザイナーがパリコレクションに初参加 ・DCブランドビジネスは，ファッション雑誌の掲載を背景に全国に広まった ・パルコやラフォーレなどのファッションビルが全国へチェーン展開を始める ・百貨店も本格的にDCブランドのテナント誘致をおこない始める ・地方の有力小売専門店は，完全買い取りやフランチャイズ（FC）によって，DCブランドの取扱いを始める ・**ルイ・ヴィトンジャパンが設立**
1985年	・東京ファッションデザイナー協議会（CFD）が設立 ・パリ，ミラノ，ニューヨーク，ロンドンなどファッション先進都市と同様にファッションデザイナーによる組織が発足し，東京コレクションの組織運営がスタート ・海外も東京コレクションに注目され始める
1986年 -	・バブル景気と円高を背景に欧米からのインポートブランドが人気となる ・イタリアの GIORGIO ARMANI, GIANNI VERSACE，米国 RALPH LAUREN も原宿クエストの旗艦店を基盤に売り上げを伸ばした． ・DCブランド企業はレストラン経営や不動産への投資などビジネスの多角化を推進 ・DCブランド企業が多角化の失敗や未成熟だったマーチャンダイジング技術による，在庫の増加などにより，ビジネスの縮小やブランドの廃止，企業倒産も目立つようになった ・**海外ブランドの日本法人化**が急増する
1989年	・三宅一生が画期的なデザインの PLEATS PLEASE を発表 ・COMME DES GARCONS 青山店が表参道へ移転増床オープンし，店舗の大型化が始まる

出所）各種資料より筆者作成．

ンポートブランドブームが消費者のステイタスシンボルとして大流行となった．また，1981年のミラノ・コレクションでアズディン・アライアが身体に添ったデザインのボディ・コンシャス（body-conscious）スタイルドレス（日本では通称ボディコンといわれた）を発表した．日本アパレル企業であるサンエー・インターナショナルのピンキー＆ダイアン（Pinky&Dianne）などのDCブランドから，さらにシルエットをシェイプしたスタイルのボディコンファッションが生まれた．元々のデザインコンセプトは女性の自己主張，解放を目指すファッションの動きの一つでもあったが，日本では主に遊び着として広まり，特に1980年代のバブル期以降にブームとなった．

新しいファッションモードの発信拠点として，1970年代後半に開業した渋谷原宿のラフォーレやパルコなど若年層ファッションに特化した商業施設が全国の若年層の支持を獲得し，圧倒的な売上高を記録した．この成功は，ファッションビル経営への異業種参入を誘発し，ダイエーのオーパ事業やJR東日本ルミネ事業，JR西日本天王寺ミオ事業などへ連鎖していくことになった．

（5）1990年代 -（価値観リセットの時代）

1980年代のバブル景気が崩壊し，あらゆる階層の資産が目減りし，消費は大きく後退することになった．消費者ニーズはブランド志向から日常的なカジュアル志向へと変質していった．高価格帯への不信感が生まれ低価格でありながら高付加価値を求めるようになり，米国ギャップ（GAP）社のビジネスモデルであるSPA（製造小売業態）をワールドやオンワード樫山など大手アパレル企業が積極的に導入し，新たな経営戦略による低価格帯のブランド開発を実践した．このSPA型ビジネスモデル導入の背景には，POSシステムによるレジスターの高度化やインターネットの普及によるECビジネス，生産基地の海外移転がある．衣料品生産は急速に中国などのアジアへ移転し，生産数量ベースの輸入浸透率は急上昇した．このように低価格化と生産の海外移転は商品開発の外部委託というアウトソーシングをもたらし，商社などへのOEM依存が進む結果となり，蓄積してきたアパレル企業の「モノづくり」による競争優位を放

表2-6　1990年代の動き

年　代	ファッションビジネスの動き
1991年	・スチルが設立される（YOICHI NAGASAWA）.
1992年	・マサキ・マツシマ・インターナショナル設立（MASAKI MATSUSHIMA）.
1993年	・東京コレクションANEXXが若手デザイナーを支援する活動をおこなう ・LVMHが経営難に陥った日本のKENZOを買収し，新会社を設立して傘下に収める ・1990年若手で起業したデザイナーのマルヤマ・ケイタやユウジ・ヤマダをパルコ，丸井，伊勢丹が積極的に支援し，全国に売場を拡大する ・ワールド（1959年創立）は，婦人服専門店卸部門から田山淳朗（アツロウ・タヤマ）を起用し，OZOCで **SPA（製造小売業）** 化に大成功する ・ビジネスモデルの大転換➡プロダクトアウトからマーケットインへ➡ **QR戦略**
1995年	・オンワード樫山もICBブランドでSPAを開始
1996年	・サンエー・インターナショナルもSPAブランドナチュラルビューティーを開始
1997年	・エゴイストが創業され，カリスマ販売員の森本容子が渋谷109ブームを作る ・アパレルメーカーと協業というビジネスモデルで人気スタイリストやファッションモデル，タレントとのコラボレーションブランドが誕生
1998年	・ユニクロのフリースが低価格（1980円）・高品質で200万枚という爆発的な人気

出所）各種資料より筆者作成.

棄することになった.

　ファッションビルは，さらに若年層を顧客ターゲットとして成長し，郊外では規制緩和にともなうショッピングセンター開発が急増して，ファーストリテイリングのユニクロやABCマート，しまむら，西松屋など低価格帯のファッションチェーンが成長していった．戦後，大型小売業態として君臨してきた百貨店は成熟期から遂に衰退期に入り，売上高の低迷が続くことになった．

　一方，ナイキ（NIKE）やアディダス（adidas）などのスポーツシューズを基盤としたアスリートファッションがブームとなり，ファッションビジネスはスポーツブランドまで巻き込んで多様化していった．また，新たなビジネスモデルとして，セレクトショップが輸入品を中心とした高額な価格帯でありながら，提案力の強みを活かし消費者の支持を受けた．代表的なセレクトショップは，1975年創業SHIPS，1976年創業BEAMS，1989年創業UNITED ARROWSがあげられ，上品で完成度の高いストリートファッションも人気となった．

（6）2000年代 - 現在（海外ブランドの本格進出と日本企業の戦い，価格帯の多様化）

　109系（マルキューといわれる）ブランドとSPA型ビジネスモデルの急激な進展があり，新興企業によるアパレルブランドブームが生まれた．また，低価格帯でありながら高付加価値の提供を経営戦略の基軸としているユニクロやしまむらは，海外進出も含め，日本を代表する企業へと成長していった．また，セレクトショップは，SPA化導入によってブランドの多角化と細分化が進み，同じ商業施設にブランド名を変えたり，ブランドのセカンドラインとして新たに出店するなど多店舗展開が進み，企業規模も拡大し，一斉に株式上場することになった．しかし，ブランド間の商品が同質化し，顧客の離反も問題となってきた．

　一方，ZARAやH&MなどのSPA型ビジネスモデルから進化した，低価格帯で最新のトレンドやモードを提供する海外ファストファッションがグローバル戦略を標榜し，日本市場に参入してきた．ファストファッションは，巧みなプロモーション活動をおこない，瞬く間に売上拡大し，ブランド認知と大きな市場シェアを獲得した．現在に至っても順調に業績を伸ばしている．

　百貨店は，売上高の凋落が一層顕在化し，顧客つなぎ止めの対策として，1階売場の多くの面積を海外ラグジュアリーブランドに貸与する営業戦略を取らざるを得ない状況となっていった．さらに，2006年以降，競合先であった百貨店同士の資本合併により，業界内の再編が進み，愚直に新たな売場に変化を起こす可能性を模索している状況がある．主な経営統合としては，2006年　ミレニアムリテイリング（そごう・西武が統合），2007年　J.フロントリテイリング（大丸・松坂屋が統合），2008年　エイチ・ツー・オー　リテイリング（阪急・阪神が統合），2008年　三越伊勢丹ホールディングス（三越と伊勢丹が統合）があげられる．

　2009年から成長期に入ったアパレルECビジネスは，2011年からOtoO[6]を加速させ，スマートフォンの急激な普及もあり，ここ数年オムニチャネル戦略[7]が本格化している．リアル店舗で見た商品をその場では買わず，ネット通販によって店頭より安い価格帯で購入するショールーミング[8]が大きな脅威となってい

表2-7　2000年代の動き

年　代	ファッションビジネスの動き
2000年-	・フェイクデリックが創業され，moussy ブランドがスタートし，圧倒的な支持を獲得 ・ジャパンイマジネーション（1957年創業）の CECIL McBEE が浜崎あゆみの着用もあり，幅広い客層に人気となる➡売上高　206億/2009.1 ・エクシブが1998年スタートさせた COCOLULU とヴェントインターナショナル（1968年創業）が1999年スタートさせた LIZ LISA がファッションビルを中心に出店し，若年層で人気ブランドとなる➡売上高　101億/2011.1 ・大都市商業土地価格の下落により，海外ラグジュアリーブランドの商業中心エリアに**大型旗艦店**の出店が急増 　　特に，東京銀座は象徴的なエリアとして世界中から注目 　　　　2001年 HERMES 銀座，2003年 PRADA 銀座，CARTIER 銀座 　　　　2004年 CHANEL 銀座，Dior 銀座，2006年 GUCCI 銀座 　　　　2007年 BLUGARI 銀座，ARMANI タワー銀座，2008年 TIFFANY 銀座 ・ファッションイベントとして初めて神戸コレクションが開催される ・そごうグループが**民事再生申請**
2005年-	・SWORD FISH（44インターナショナル）が創業 ・海外ファストファッション（FF）企業がグローバル戦略のもと，日本市場進出が本格的に参入 ・FF 企業は2010年以降，急速な出店スピードで全国展開が進み，ブランド浸透する 　　1995年 GAP 数寄屋橋，1998年 ZARA 渋谷，2005年 BANANA REPUBLIC 　　2008年 H&M 銀座，2009年 Abacrombie 銀座，FOREVER21 原宿本店，H&M 原宿本店，2011年 FOREVER21 銀座松坂屋，2011年 H&M 大阪心斎橋，福岡 FOREVER21 福岡，Abacrombie 福岡，2012年　OLD NAVY 東京ダイバーシティ，TOPSHOP 原宿，新宿，2013年　FOREVER21　大阪道頓堀，2014年　ZARA，H&M がセカンドブランドを日本市場に導入，2015年　OLD NAVY，FOREVER21 大阪ルクアイーレ ・**東京ガールズコレクション**2005開催 ・東京ガールズコレクション in 北京➡日本ファッションが東南アジアで流行
2010年 -現在	・レナウン，中国アパレル企業と資本提携をおこない，業績不振が露呈 ・大手アパレル企業は，リーマンショック前後から業績低下 　　オンワード樫山➡過去3年間で百貨店売上げが約30％減少する 　　レナウン➡過去5年間で売上げが約40％減少する 　　三陽商会➡過去5年間で売上げが約30％減少する ・スマートフォンの普及の進展からオンラインショッピングが急進 ・ZOZOTOWN 株式会社スタートゥデイ1998年創業➡ガールズサイトでスタート ・インターネットの急速な普及とともに楽天，Yahoo，Amazon も急成長 ・EC ビジネスとリアル店舗との連動をめざすオムニチャネル化が進展する ・顧客の価値観の変化により，ライフスタイルビジネスが誕生する

出所）各種資料より筆者作成．

た．しかしウェブルーミング[9]という，ネット上でのオンラインとオフラインの境目が狭まってきたことで，リアル店舗が持つ強みである迅速な購入や入手，あるいは接客による購入体験といった部分を競争軸にすることも改めて評価されて，次なるビジネスの進化をめざす時代といえる．

2-4　ファッションビジネスの産業構造（生産と流通の流れ）

　ファッションという商品は，最終製品という側面から見ると自動車や家電のように大手メーカーが作り出しているものではない．大多数である中小企業を中心としたメーカー，メーカー機能をもった製造卸企業が作り出している．繊維・衣料産業全体を論じるときには，素材メーカーとしての紡績大企業（東レ，旭化成，カネボウ，帝人，東洋紡など）があるが，実体として紡績，織布，染色，整理，そしてアパレル企業のようにニットや縫製のメーカー，そして卸，製造卸など大多数は中小企業によって形成されている．

　ファッションアパレルの生産・流通経路は，概ね川上（第一次製品段階：糸メーカー・糸商・商社・染色整理業・生地メーカー・生地卸），川中（第二次製品段階：アパレルメーカー・既製服製造卸商・アパレル輸入卸商・縫製メーカー・縫製受託加工業業者・付属品メーカー），川下（小売り最終段階：百貨店・専門店・量販店・ブティック・FC）に分けられる（図2-1）．

　これまでは，秩序化された川上・川中・川下の棲み分け型ビジネスモデル（共栄共存型）がファッション業界の常識であった．しかしながら，多様な消費者のニーズの変化により商品提供型（プロダクトアウト）から消費者主導型（マーケットイン）へと視点は大きく変わった．1990年代以降，棲み分け型ビジネスモデルが崩壊し，生産と小売が直結したSPA（製造小売業）型ビジネスモデル（図2-2）に代表されるように，従来の垣根を越えた新たなビジネス展開が本格化している．

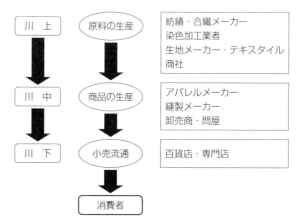

図2-1　ファッションビジネスの川上・川中・川下という流れ
出所）筆者作成.

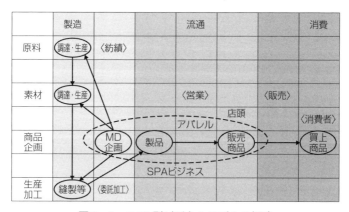

図2-2　SAP型ビジネルモデルの概略
出所）筆者作成.

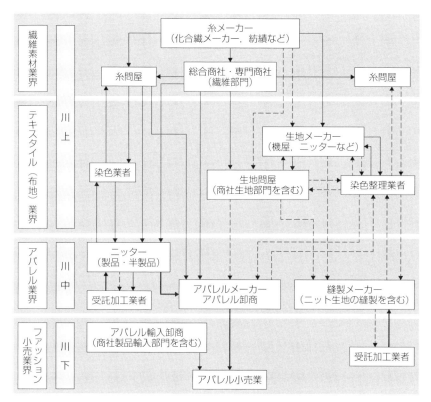

図2-3　ファッション産業の構造
出所）小田山（1984）『日本のファッション産業』より引用.

2-5　日本のファッションビジネスの現状

　日本のアパレル業界の産業構造は，1990年を境として大きく変わってきた．生産と小売りが直結したSPA（製造小売業）型ビジネスモデルに代表されるように，従来の垣根を越えたビジネス展開が本格化している．明確に捉えれば，現在成功しているアパレル企業のほとんどがSPA型ビジネスモデルを構築し

ているといっても過言でない．また，海外のルイ・ヴィトンやエルメス，グッチ，ベネトン，ギャップなどの有名ファッションブランド企業は，日本の商社やアパレルと以前のような提携型（代理店型）の日本進出ではなくて，現地法人化による直接型ブランド進出が多く見受けられるようになった．特に2000年以降，東京や大阪など主要都市の商圏一等地に自社ビルを取得し，大型店舗化へと急速に進められた．

　もはやアパレル業界は，戦後からある意味では秩序化された製造・卸・小売りの事業領域が明確に区分形成（すみ分け）され，業界全体が一種の運命共同体的な体質であったが，多様な消費者ニーズの変化により商品提供型（プロダクトアウト）から顧客主導型（マーケットイン）へと視点は大きく変わった．そして，日進月歩のIT（情報技術）や生産基地の国際化というグローバルな大競争が急速な環境変化を促し，今まさに個々のアパレル企業に対して企業変革を問いかけている．

　また，現時点では形骸化した感が否めないファッション都市神戸．しかし日本のアパレル業界を歴史的かつ地理的環境において検証した場合，神戸の確固たる位置づけは着目に資するといえる．神戸の有力なアパレルメーカーは，実践に即したマーケティング手法による顧客分析とともに生産体制のSCM化を[10]いち早く取り入れ，日本有数のアパレル企業となり，現在も時代に即した環境適合しながら好業績を維持している．またデフレ時代と消費不況といわれる中で，ここ10年の内に急速に業績を伸ばし，東京を中心に全国展開を始め，上場も視野に入れた神戸発のベンチャー型新興企業も数多く出現していることは注目に値するといえる．

2-6　国内アパレルの小売市場規模

　日本におけるアパレル市場規模の統計調査は，経済産業省をはじめ各種機関でおこなわれ，公表されてはいるが各々基準とした測定根拠が定かでなく明確

でない．本資料では，各業界調査では定評のある株式会社矢野経済研究所「国内アパレル市場に関する調査結果2015」のデータにより分析をおこなう．

2014年度の国内アパレル総小売市場規模は，前年比100.9％の9兆3784億円と推定される．品目別では，婦人服・洋品市場が5兆9086億円（前年比101.4％），紳士服市場が2兆5476億円（同100％），ベビー・子供服・洋品市場が9223億円（同100.7％）であった．

1991年のピーク時には約12兆円であった市場規模は，2002年に10兆円の大台を割り込み，2005年一時盛り返したが，2008年以降は長引くデフレ不況と買い控えの影響から低迷していた．しかしながら，2014年は前年に引き続き前年対比を上回り，ここ4年間堅調に推移している（表2-8，図2-1）．

アパレル市場では，ZARAやH&M，FOREVER21，UNIQLOなどファストファッションのブームが一段落する一方，品質重視の消費者層が主流になってきている．高品質の商品や機能性商品，また細部にこだわりのある商品などのライフスタイルを提案する新たなブランドが誕生しつつある．今後の成長のためにはターゲット層の絞り込み，同層のニーズを確実に取り組むブランド戦略が重要となる．

過去10年対比（2005年度と2014年度）でみると市場の構造変化を読み解くことができる．市場規模全体で2005年対比▲7.7％となり，紳士アパレル市場（紳士服・紳士シャツ・紳士下着）は，2005年対比▲8.3％と縮小し，販売価格の低下とファッションのカジュアル化により客単価低下が大きく影響している．子供アパレルは，2005年対比▲5.9％と少子化の影響が徐々に市場の収縮へと波及していることが分かる．

一方，市場占有率63％の婦人アパレル（婦人服・婦人シャツ・セーター・婦人下着）も，2005年対比▲7.7％であるが，マイナス幅は紳士アパレルに比較して小さく，一定の市場規模を維持していることが分かる．

表2-8　国内アパレル総小売市場規模10年間推移

(単位：億円)

年　度	婦人服洋品	紳士服洋品	ベビー子供服	合　　計
2005年	63,990	27,766	9,810	101,566
2006年	64,950	28,100	9,710	102,760
2007年	65,145	28,136	9,567	102,848
2008年	61,694	27,166	9,420	98,280
2009年	56,790	24,922	8,900	90,612
2010年	56,150	24,225	8,855	89,230
2011年	56,852	24,700	8,950	90,502
2012年	57,500	25,185	8,960	91,645
2013年	58,290	25,475	9,160	92,925
2014年	59,086	25,476	9,223	93,784

出所）矢野経済研究所『国内アパレル市場に関する調査結果』2011-2015年度分を筆者加筆．

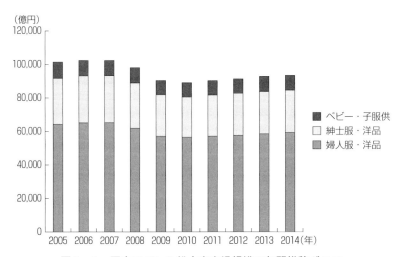

図2-4　国内アパレル総小売市場規模10年間推移グラフ

出所）矢野経済研究所『国内アパレル市場に関する調査結果』2011-2015年度分を筆者加筆．

2-7　日本における代表的アパレルメーカー

　ファッションアパレル産業は，参入障壁が低いといった産業特性を持っている．つまり他の大規模な産業との間に明確な違いを作っている．産業を形成する企業規模は売上高が3000億円を超える大企業から数百万の零細企業にいたる数万の企業から成り立っている．
　アパレルメーカーの創業は，戦後復興期から高度成長期にかけてのものが比較的多いが，一部には戦前にさかのぼるものから，ここ10年以内に急成長した新興企業も数多く見受けられる．もともと縫製加工企業であったものもあれば，素材メーカーの川下事業として位置づけられるものもある．中央集散地卸商から参入したものも多いが，地方集散地卸商，また小売店からの参入，デザイナーの参入も見受けられる．これらのことから，アパレルメーカーは比較的参入障壁が低いと指摘できる．商品分野は，婦人服，紳士服，子供服に区分され，アイテムはコート・ジャケット等の重衣料からセーター・スカート・パンツ等単品まで無数のバリエーションがある．しかし多くの企業は，商品分野については，そのいずれかに主力をおいている．つまりアパレルメーカーの構成企業は，多様な属性を持っているといえる．
　また，地域特性として特定地域へ集中立地しているという点に注目すべきである．ファッション立国と言えるイタリアやフランスにおいてもアパレル産業の地域分布を見た場合，ある地域に集積されているが，同様に日本においても東京，大阪を中心として神戸，名古屋，岐阜，岡山などのいくつかの地域に集積している．このようなファッションアパレル産業の立地の集中化（産業クラスター）[11]は，その地域における歴史的背景の中で形成され，発展してきたことを意味している．
　このような特定地域への集積について着目し，ファッションアパレル産業の歴史的形成要因を分析し，その地域特性との整合性について考察することは各

表2-9　2015年度（決算）アパレルメーカー売上高ベスト15

	企業名	売上高（百万円）	前年比
1	ワールド	298,511	93.4%
2	オンワードホールディングス	263,502	94.0%
3	TSI ホールディングス（サンエーインタナショナル・東京スタイル）	180,189	99.1%
4	瀧定大阪	103,318	119.4%
5	三陽商会	97,415	88.0%
6	イトキン	95,259	93.6%
7	タキヒョー	77,656	97.8%
8	ファイブフォックス	75,037	92.6%
9	クロスプラス	73,434	100.6%
10	レナウン	72,205	95.2%
11	ジュン	62,509	100.2%
12	カイタックグループ	61,778	100.3%
13	小泉グループ	59,462	105.4%
14	F&A アクアホールディング	52,883	104.5%
15	ジャヴァグループ	42,064	96.7%

出所）各社決算資料より筆者作成．

表2-10　2015年度全国専門店売上高ベスト15

	企業名	売上高（百万円）	前年比
1	ユニクロ	1,681,781	121.6%
2	しまむら	511,893	102.0%
3	良品計画	260,254	118.3%
4	アダストリア	184,588	120.4%
5	AOKI ホールディングス	183,805	102.4%
6	青山商事	181,480	97.7%
7	ユナイテッドアローズ	131,029	102.0%
8	西松屋チェーン	128,526	100.7%
9	ストライプインターナショナル（クロスカンパニー）	110,321	101.3%
10	パルグループ	108,089	108.5%
11	ベイクルーズグループ	90,921	115.7%
12	ライトオン	78,228	103.4%
13	コナカ	69,130	101.2%
14	ビームス	63,510	105.5%
15	三喜	62,877	102.6%

出所）各社決算資料より筆者作成．

地で産業クラスターが注目される今日必要性があるテーマではないだろうかと考える．今後の研究課題としたい．

　ここで，日本におけるアパレルメーカーの売上高トップ15を見てみよう．神戸のアパレル企業としてワールドは，業界第1位の2985億円の売上規模を誇り，ジャヴァグループも15位と健闘している．また，50位圏内に神戸アパレルが6社ランクインしている．多くの企業が東京や大阪に本社機能をおいているが，アパレル産業では神戸に本社を置いている有力企業が数多く存在している．

むすびに

　本章では，ファッションの歴史を振り返りながら，ファッションの流れを進化として捉えてビジネスという側面を重視しながら分析してきた．ファッションの変遷を見ていくと，一部特権階級による権力を象徴するようなコスチューム化されたファッションから民主主義社会へ移行するプロセスで，イノベーションといえるようなファッションが次々と誕生してきたことがわかった．そのイノベーションとは，「オートクチュール」ビジネスである．ここで初めて特権階級から一般大衆のモノへとファッションが移行したのである．オートクチュールはメゾンビジネスを生み，ファッションデザイナーという役割を確立させることになった．さらに，世界大戦を経て，さまざまな社会情勢や環境の変化に適合させるためには，どうするかというビジネスマインドと競争原理が醸成され，「プレタポルテ」へと進化させていった．この段階で，大義的にはファッションビジネスが構築されたといっても過言ではない．その後，ファッションはわずか70年の間に数えきれないほどのビジネスモデルを誕生させ進化していった．先ず，効率的なモデルとして長くファッションビジネスの基盤となった「棲み分け型分業システム」である．このシステムには，マーケティングや経営管理の手法が大きく関与し，ファッションは消費財として大きな市場を形成していった．しかし，時代とともに消費者が求める価値観の変化や世界経

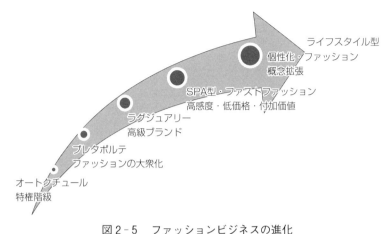

図2-5　ファッションビジネスの進化
出所）筆者作成.

済の不確実性を実感した消費者は，新たな付加価値を求めるようになっていった．ここで誕生したのが，棲み分け型ビジネスを根底から覆し，高感度な低価格帯商品を実現した「SPA型ビジネスモデル」である．インターネットの急速な普及によって，生産基地の国際化によるコスト低減の実現とグローバルなSCMの構築が可能になったことが誘因となった．現在では最高級ブランドといわれるラグジュアリーブラントですら，SPA型ビジネスモデルを取り入れる時代となっている．さらに，限りなき消費者ニーズへ適応させるためにSPA型を進化させた，より低価格でより高感度な「ファストファッション型ビジネス」が生まれた．さらに，現在ではこれまでのビジネスモデルと相反するトレンドや価格志向でなく，社会貢献や健康，自然派をキーワードに新たなライフスタイル型ビジネスが誕生しようとしている．ファッション史の時代変遷のプロセスを顧客の創造というマーケティング視点を付加すると，明らかにビジネスモデルの進化と捉えることができる（図2-5）．

　近年日本では，アベノミクスによる訪日客によるインバウンド効果や賃金上昇による内需拡大の期待値から，デフレスパイラル脱却の可能性があるといわれてきた．しかしながら，未だにボーダレスなグローバル化とオムニチャネル

化という2つの変化に十分に適応することができていないと指摘できる．加えて，POSシステムによる売れ筋情報の高い依存度は，製品の同質化による価格デフレに苦しむという現実が今業界全体の高い障壁として立ちはだかっている．

このような状況で将来の展望を考える場合の対処は，次の一手であろう．本章で見てきたように，過去の歴史を再認識し，それぞれの時代背景に潜む環境変化への適応力とビジネスの進化力という2つの力学を視野にビジネスを模索することが重要である．

注
1）ギルド（guild）制
　　中世ヨーロッパの都市における商工業者の同業組のこと．同業者の相互扶助や統制にあたり，中世においていちはやく富を蓄積した遠距離交易商人たちが商人ギルドを組織し，都市の自治を獲得した．手工業者の組合は商人ギルドにならって結成された．ギルドは「親方」身分の者によって構成されて，徒弟・職人の認定にあたり，知識や資格を独占した．手工業に関していえば，技術の継承と洗練に役立った面と新技術の発展を阻害した面がある．
2）モッズルック
　　1960年代にカーナビーストリートから発信されたファッションスタイルでのモッズルックとはモダーンズ（モダニズム）を略してモッズと呼ばれたファッションである．長髪で花柄や水玉など派手な色彩，細身のスーツをテーラーで仕立てて，細身のシャツと股上の浅いスリムパンツ，ブーツというコーディネートが大きな特徴である．多くのミュージッシャンが愛用し，ビートルズやローリングストーンズが身に着け，一層世界的な注目が集まった．
3）ヒッピー
　　ファッションは自らのイデオロギーを表現するものとして捉え，Tシャツやジーンズ，フォークロアなどが特徴のファッションスタイルである．フォークロアは，民俗風習や部族の衣装の特徴を用いたファッションのことで，インドやアフリカ，東欧，中近東系の衣装やアクセサリーのスタイルが取り入れられている．ヒッピーの代表的なスタイルは，長髪にヒゲをはやし，刺繍の入ったカフタンやバンダナ，スカーフなどがあげられる．カラーは花柄やカラフルで，さまざまなカラーを混ぜた混沌とした色づかいが特徴．本来ジーンズは作業着等に使用されてきたが，ヒッピーや反戦を唱えるフォークシンガーが着用したことにより，その後若者の文化に定着していった．
4）POSシステム（Point of Sales System）
　　POSシステムは，店舗で商品を販売するごとに商品の販売情報を記録し，集計結果

を在庫管理やマーケティング材料として用いるシステムのこと．緻密な在庫・受発注管理ができるようになるほか，複数店舗の販売動向を比較したり，天候と売り上げを重ね合わせて傾向をつかむなど他のデータと連携した分析・活用が容易になるというメリットがある．このため，特にフランチャイズチェーンなどでマーケティング材料を収集するシステムとして採用されている．POS システムと経理システムなどを連携させ，クレジット決済や税額の自動算出なども一元的に管理するなど機能を拡張したシステムもあり，店舗で販売している商品の情報をあらかじめホストコンピュータに記録しておくと，販売時にバーコード情報を元に商品情報を検索し，レシートに購入商品を正確に記録できることも特徴としていえる．

5) OEM（Original Equipment Manufacturer）

OEM とは，発注元企業の名義やブランド名で販売される製品を製造することをさす．また，そのような製品を製造する事業者のことを OEM メーカーという．発注元企業は OEM メーカーから製品を仕入れ，自社を販売元として独自のブランド名や製品名，型番などでその製品を販売する．販売元となるのは独自のブランドや販路などがある企業が多く，製造者側は生産量を増やし設備を有効活用することができる．OEM 供給する製品は製造者側も自らの製品として製造あるいは販売することもあるが，全量を OEM としてのみ供給する場合もある．

6) O2O

O2O は，主に E コマースの分野で用いられ，オンラインとオフラインの購買活動が連携し合うことである．または，オンラインでの活動がリアル店舗などでの購買に影響を及ぼすことなどの意味でも使われる．O2O の例としては，オンラインで商品価格や仕様を調べた上で店舗に行き，①店頭で商品を購入する，②オンラインで配布されるクーポンを実店舗で使用する，③店頭に用意された情報源からオンラインに接続して商品やサービスの詳細情報にアクセスする，④位置情報と連動させて近場の店舗の情報を発信する，といった行動があげられる．

7) オムニチャネル（omni channel）

オムニチャネルとは，リアル店舗やオンラインストアをはじめとするあらゆる販売チャネルや流通チャネルを統合し，そうした統合販売チャネルの構築によってどのような販売チャネルからも同じように商品を購入できる環境を実現することである．オムニチャネルでは，リアル店舗やオンラインモールなどの通販サイト，自社サイト，テレビ通販，カタログ通販，ダイレクトメール，ソーシャルメディアなど，あらゆる顧客接点から同質の利便性で商品を注文・購入できるという点，およびウェブ上で注文して店舗で受け取ったり店舗で在庫がなかった商品を即座にオンラインでの問い合わせで補ったりできるよう販路を融合する点，といった要素が含まれる．

8) ショールーミング（showrooming）

ショールーミングとは，顧客が実際に訪れた店舗では商品を比較・検討するだけで，購入は同一商品を安価で販売している EC サイトなどのオンラインでおこなう購買行動のこと．リアル店舗があたかもオンラインショップのショールームのように使われるため，ショールーミングと呼ばれた．

9）ウェブルーミング（webrooming）
　ウェブルーミングとは，インターネット上のオンラインストアなどで商品の詳しい情報を事前に調べ，オンラインでは購入せず，商品はリアル店舗で買い求めるという購入行動のこと．
　ウェブルーミングの流れがある背景には，リアル店舗とオンラインストアの価格差が少なくなり，Ｏ２Ｏやオムニチャネルといった流通の仕組みが整うにつれてオンラインとオフラインの境目が狭まってきたことで，リアル店舗がもつ迅速な購入・入手，あるいは購入体験といった部分が改めて再評価されているからである．

10）SCM（サプライ・チェーンマネジメント：Supply Chain Management）
　消費者が購入する商品は，小売業者や卸売業者，製造業者，原材料供給業者といったさまざまな企業を経て，供給される．この一連の生産・流通過程における財のフローと保管の全プロセスをサプライチェーン（価値連鎖）という．SCM は，供給連鎖上にある複数企業の協力により，企業の枠を超えてサプライチェーンを統合管理する経営手法である．

11）産業クラスター（industrial cluster）
　Porter（1998）は，産業クラスターを「ある特定の分野に属し，相互に関連した，企業と機関からなる地理的に近接した集団」と定義している．

第3章

海外ファッション企業の新たなブランド戦略
―― ルイ・ヴィトン社の事例から ――

はじめに

　わが国において1985年にプラザ合意がなされるや，円は急速に上昇することになった．それと共に海外からの輸入商品が国内で大量に販売されるようになり，市場シェアの急拡大が起きた．ファッションアパレルの分野では特に顕著であったが，必ずしも低価格帯の商品だけが輸入拡大したのではなかった．1990年代初頭にバブル経済が崩壊して日本経済全体が不況から，更にはデフレ状況すら見られるようになったにも関わらず，ラグジュアリーブランドといわれる海外の高級アパレル輸入品の人気は高く，一向に衰えることなく日本の消費者に支持され続けている．2000年以降，多くの海外ブランド企業が現地法人化（通称ジャパン社）を進め，大都市圏の商業一等地に大型店舗を数多く出店させたことで，今や東京の銀座や表参道，そして大阪・御堂筋などは，世界中の女性たちの憧れであったパリのシャンゼリゼ通りやサント・ノーレ，ニューヨークの5番街，ミラノのモンテ・ナポリオーネ通りなどの高級ブランド店街と遜色がないほどの商業集積地となっている．多くのファッション雑誌では，海外高級ブランドの衣料品はもちろん，鞄や靴，宝飾品，時計，香水などの特集が毎月のように組まれている．百貨店に至っては，プレステージの向上と売上高の貢献を期待して，高級ブランドショップを百貨店の顔というべき1階正面

の好立地場所に配置し，ウィンドウディスプレイも含めて，一見，百貨店のブランドショップと錯覚するほどの力の入れようである．

　本章の目的は，筆者が籍を置いていた日本のファッション業界において，なぜデフレ傾向でモノが売れにくくなった現状で，高額な海外の高級輸入品であるラグジュアリーブランドが，長期にわたり競争優位が維持されているのかを明らかにすることである．仮説としては，その背景に綿密なブランディング戦略と企業変革があることを示唆する．

3-1　海外高級ブランドの日本市場参入と課題克服の戦略

　1980年代以降，日本の豊かな消費市場をめざして，マクドナルドやケンタッキーフライドチキンなどのファストフード企業を筆頭にウォルマートやイケアといった食料品や家具・日用雑貨を扱う世界規模の大型小売企業などあらゆる業種業態のグローバル企業が進出してきた．高級ファッション商品を扱うラグジュアリーブランドで知られる小売業は，すでに1970年代の前半から日本市場に参入している．特に1977年に発刊された『世界の一流品大図鑑』（講談社）に紹介されたブランドの多くは，これらの企業であり，富裕層からはステイタスシンボル的な憧れをもって認知された．海外ブランド企業にとっては，日本市場が大都市集中型の人口分布と高い所得水準，そしてブランド志向が強いことが参入する理由として魅力的であったと考えられる．しかし，欧米では考えられないほどの高い地価や賃借料，非関税障壁で知られる日本の政府規制，消費者の高級品に対する厳しい要求など積極的な参入を躊躇させる要因も存在していた．

　ところが1990年代初頭にバブル経済が崩壊した後は，地価の下落や規制緩和など一連の追い風が見られるようになり，海外ブランドにとっての日本市場参入の条件は一変することになった．ここで，出店のための絶好の機会到来と判断し，積極的な参入をおこなう戦略へ大きく転換することになった．

1970年代の初期段階までの海外高級ブランドは，流通経路として，輸入総代理店システムを導入していた．輸入総代理店とは，外国事業者からその保有する当該商品の独占的な輸入販売権を得た販売業者のことをさす．通常は海外の事業者から商品の専用使用権も得ており，三陽商会のように英国のバーバリー[2]ブランドの日本規格でのライセンス[3]商品を開発し，新たな市場創造に成功させた事例もある．また，海外ブランド企業よりも早く特許庁へ日本における商標登録（商標権）をおこなった輸入総代理店もあり，その後の契約で紛争がおこる場合も度々あった．そのような問題もあり，1990年代に入ると，輸入総代理店との契約更改を拒否して，日本に現地法人を設立して直接販売するビジネスモデルへと戦略転換するようになった．

　1985年以降，円高により海外旅行ブームが起こり，多くの日本人は海外へ行くようになり，国内の高級ブランドの販売価格の高さなど内外価格差の違和感を感じ始めた．海外ブランド企業も従来の輸入総代理店に任せたままの販売戦略では日本市場の拡大に限界があることに気づき始めていた．日本におけるブランドブームでは，輸入総代理店や輸入業者を通した正規輸入に加えて，個人輸入や並行輸入等のさまざまな輸入ルートが出現した．特に並行輸入業者は，内外価格差を利用して，日本市場において，あたかも値引き販売をおこなっているような価格表示をおこない，予期せぬ販売機会を得ることになった．海外ブランド企業にとっては，正規価格の自社ブランド商品のイメージが著しく損なわれてしまう結果となった．また，同時期に粗悪な模造品（コピー品）も数多く市場に流通し，ブランドブームそのものが市場の混乱を生み出すことになった．輸入総代理店を通さずに原産地国やその他の第三国から直接輸入する並行輸入業者の存在は，日本における排他的販売権を付与されている輸入総代理店にとっては，認めがたいものであった．そこで，海外メーカーと輸入総代理店は協力して，それらの業者への規制をおこない，並行輸入を阻止する行動にでた．しかし，日本の独禁法のもとでは，それを意図した完全な効果を得ることができなかった．つまり，並行輸入は合法であるという結論に至ったのである．

このような問題を抱えたブランドブームの状況下において，新たな経営戦略を模索した．それは，緻密なマーケテンング調査を実施し，日本市場の潜在的な購買力を再確認したのち，現地法人（ジャパン社）を次々と設立していった．ジャパン社は，輸入総代理店の代理販売システムから自社による直接販売システムによる出店を次々と押し進めた．また，日本市場向きに物流システムと商品供給体制を再構築し，市場管理の強化をめざす新たなビジネスモデルへの方向転換をおこなった．日本の消費者は，欧米に比べて数段ブランド志向が高く，商品を選ぶ目（目利き力）も世界一厳しいといわれている．企業は，日本でのブランド間の激しい競争のなかで，実験的にブランドイメージの維持と向上，強化を意図し，将来のグローバル戦略への布石になると考えたのである．

3-2 ルイ・ヴィトン（Louis Vuitton）の企業変革による価値創造

（1）LVMH（Moët Hennessy-Louis Vuitton）と日本法人ルイ・ヴィトンジャパン社

日本においてラグジュアリーブランドの代名詞としてルイ・ヴィトン（以下LV）があげられる．LVは日本人にとって，最も憧れと信頼を勝ち得た最大のブランドといえる．本章では，LVの日本現地法人であるルイ・ヴィトンジャパン社（以下LVJ）の事例をとおして，海外ブランドの日本市場への参入戦略に焦点をあて，販売チャネル開拓と商品供給体制のビジネスモデルを中心に議論する．

① 東京表参道旗艦店の成功

LVJが2002年9月，当時世界最大規模の旗艦店を東京表参道にオープンさせたことは大きな意味をもっている．日本市場参入25年目にしてLVは，単一ブランドとして初めて売上高1000億円を達成し，海外高級輸入品のラグジュアリーブランドのトップとしての地位を内外に知らしめた．その動向は，ファッ

ション業界のみならず，広くビジネス界においても関心を集めることになった．開店前には，多くの消費者が1キロ以上も列をなし，当時のTVを中心とした報道機関に大きくニュースとして取り上げられた．これだけの注目度を集めた背景には，周到に準備されたプロモーション戦略があった．

長期にわたる店舗の工事期間中に仮囲いを利用して，大きなブランドロゴとともにオープン日時の告知を提示した．そして，ターゲット客層に合わせたファッション雑誌を選別し，雑誌社とタイアップ企画による商品情報の提供や営団地下鉄の駅貼りでの告知，表参道店限定商品のバッグ販売，世界に先駆けた新製品の先行販売，さらにエスニック調に趣向を凝らせた演出と人気タレントをはじめとした著名人を集めたオープニングレセプションのTV中継など用意周到な多重プロモーション手法を用いた．

旗艦店は，独特の旅行鞄を積み上げたような外観の地上8階建てのビルで，敷地面積596㎡，床面積3327㎡の単一ブランドとしては類を見ない外観意匠を施していた．地下2階と合わせた10層のフロアのうち，地下1階から地上4階までの販売フロアでは，コア（主力）商品の鞄類の他に靴や衣料，時計などLVが取り扱う商品のすべてが陳列され，上層階にはオフィスや多目的ホールが配置されていた．さらに，5階にはLVサロンと呼ばれる業界初の優良顧客のVIPルームを設置し，LV会員カードの発行によってカード所有者は，各種ドリンクサービスやカスタムメイドの特別注文品の提供など，特別上顧客と一般顧客との差別化戦略も周到におこなっていた．

この表参道旗艦店の成功を契機に，2003年9月六本木ヒルズ店，2004年ルイ・ヴィトン創業100周年を迎えて銀座店のリニューアル，2006年3月には国内50店舗となる沖縄DFS内にも出店し，日本の主要都市に販売ネットワークを構築することになった．

② 日本市場への参入とブランド構築

LVJは，1978年3月モエ ヘネシー・ルイ ヴィトン（以下LVMH）グループに属するルイ・ヴィトン・マルテの100％出資による子会社として設立され

た．ルイ・ヴィトン・マルテェは，1854年パリにおいて旅行鞄を中心として，多くの貴族に愛用され，ほとんどは注文に合わせて製作するカスタムメイドの鞄専門店であった．特に大型の旅行鞄は，表面が丈夫で傷が付きにくく注文が殺到した．1900年に入り，ヨーロッパ中でLVの噂が口コミで拡がり，その鞄は各国の著名人が所有し，一般の人々の目にも止まるようになった．当然のようにイギリスの名門百貨店ハロッズなどの有名な小売専門店から数多く出店要請があったが，一切パリの本店以外に出店はおこなわず，同族による個人経営を維持し続けた．但し，一部の国には現地の代理人をとおして専門店等の販売先へ流通されていたようである．日本では，最初にLVの鞄を販売したのは，1971年に高島屋百貨店である．当時の流通システムは，高島屋の子会社である高島屋商事が輸入総代理店となり，高島屋と地方の系列百貨店が主な販売チャネルであった．

　1977年，ルイ・ヴィトン・マルテェSA（持ち株会社）を設立し，今までの個人経営による専門店から法人化された．この年パリのシャンゼリエにある本店に，突然多くの日本人が開店と同時に押し寄せることになり，店内の商品棚は瞬く間に空となった．この状態が何カ月も続き，パリの地元新聞にも大きく報道され，日本人の観光客は多くのフランス人の失笑を買うことになった．

　では，なぜ日本人が突然LVに押しかけたのか．その理由は前節で述べた『世界の一流品大図鑑』にLVの歴史と多くの貴族や著名人に愛された鞄の超一流品として特集されたからである．さらに，1970年後半に起こった空前の海外旅行ブームと日本の販売価格がパリ本店では3分の1以下の価格で購入できた．当然，パリに旅行する日本人は一斉にLVの鞄を購入するために殺到したのであった．購入者には，並行輸入業者も多数含まれていたようである．LV本社は，なぜ日本人が高額な自社の鞄をあれほどまでに好むのかという問題意識から，日本市場のマーケティング調査をコンサルタント会社であるピート・マーウィック・ミッチェル社に依頼した．担当は，同社のコンサルタントであった秦郷次郎[4]であった．秦はさまざまな調査をおこない，日本の将来性豊かなマーケット分析をおこなうとともに，LVの経営システムに関して組織改革の

必要性を提言した．LV本社は，その提言に同意し，即座に職人兼オーナーである製造部門と経営部門を分離させ，本格的な戦略経営をスタートさせた．その後，1987年LVと高級洋酒メーカーであるモエ・ヘネシーが対等合併し，LVMHとして新たな企業グループとなった．

一方，1984年クリスチャン・ディオールのオートクチュール部門の買収に成功したフランスの事業家ベルナール・アルノーが1988年にLVMHの大株主となり，1989年にはLVMHの買収に成功し，社長に就任した．LVの直接的な日本市場参入は，製品の内外格差にいち早く目をつけた前述の秦がヴィトン家を説得し，1978年に日本支社を設立したことに始まる．当時，LVの海外進出は初めてであり，直営店舗はフランスのパリとニースのわずか2店だけの事業規模であった．いかに秦を信頼していたのか，このことからも分かる．日本支社は1981年に株式会社として改組され，さらに2003年LVJとして改組し，独立カンパニー制へ移行した．

③ 企業変革の多角化戦略

LVの取扱品目は，旅行鞄に代表されるように鞄を中心とした皮革製品であった．しかし，アルノーの経営判断により，1988年当時ニューヨークの新進気鋭のデザイナーであったマーク・ジェイコブスをアートディレクターとして採用し，靴とプレタポルテに参入し，総合ファッションブランドへと戦略の転換を図った．2002年には時計・宝飾部門にも参入し，現在も商品ラインの拡張政策を積極的に推し進めている．LVMHは，LVブランドをコアブランドと位置づけているが，複合的なグローバル総合ファッション企業をめざし，多くのファッション関連企業を買収し，図3-1に示す通り，多くの有名ブランドを傘下に収めている．たとえば，プレタポルテ・皮革製品部門のクリスチャン・ディオール，ジバンシー，ロエベ，セリーヌ，フェンディ，ケンゾー，ダナ・キャランなどのブランド買収をおこない，業界でも大きな話題となった．また宝飾品・時計部門では，ショーメやフレッド，タグホイヤー，エベル．化粧品・香水部門は，ゲラン，パルファン，クリスチャン・ディオールがあげられる．

ワイン・スプリッツ部門では，モエ・エ・シャドンやヘネシーに加え，ヴーヴ・クリコやポメリーといった有名ブランドを傘下とした．そして，あまり知られていないが世界中の国際空港にある免税店 DFS（ディーティフリー・ショッパーズ）の70％の店舗とヨーロッパ一円にある高級化粧品専門店セフィラも傘下に収めている．もはや LVMH は，LV という単一的な視点でなく，消費者が憧れ，生活を潤す贅沢品のすべての分野において，グループ企業として事業統合をおこなうブランドビジネスのコングロマリット[7]（conglomerate）である．それぞれ得意の分野をもつ企業を買収することにより，財務的にも商品的にも安定化を図る戦略が採られているのである．つまり，各ブランドの集合体を作ることで新たなシナジー効果からブランド価値を向上させたり，一つのブランドの業績だけ経営が揺らがないようなブランド集合体を目的としている．その戦略の中核をなすのは，プロダクト・ポートフォリオ・マネジメント[8]（Product Portfolio Management）である．事業を複数持つ企業においてはキャッシュ・フローの観点から，資金を生み出す事業と，資金を投資しなければならない事業とを区別し，それらがバランスよく組み合わされていなければならない．たとえば，ヘネシーやドンペリを中心としたワイン・スプリッツ分野は比較的景気に左右されず安定した収益性が見込まれる．それを経営の基盤として，シーズン毎に変動要素の高いファッション分野の財務体質を補填し，安定したグループ経営をおこなう戦略を採っているのである．ファッション分野は，LVMH グループにとって話題性があり露出性も高く，ブランド価値構築には欠かせない事業と考えている．しかし，浮き沈みの激しいファッション分野に偏った経営では，投資家から嫌われ，長期計画に基づく経営と資金調達で不安が出てくる．ゆえに安定的なワイン・スピリッツ分野を強化することで，グループ全体の土台を底上げし，一定の安定のもとファッション分野に投資しているのである．DFS 事業への投資も同様の考え方でおこなっているといえる．

　また，人事や財務，ロジスティックスといったビジネス運営の重要なバックヤード部門は，LVMH が各ブランドを統合し，一元化された統括管理をおこなっている．たとえば，高級宝飾ブランドであるショーメは LV と同じく東京

第3章　海外ファッション企業の新たなブランド戦略　65

図3-1　LVMHグループの事業ブランド一覧

LVMH モエ ヘネシー・ルイ ヴィトン

ワイン&スピリッツ		ファッション&レザーグッズ		パフューム&コスメティック		ウォッチ&ジュエリー		セレクティブ・リテーリング	
モエ・エ・シャンドン	1743	ルイ・ヴィトン	1854	パルファン・クリスチャン・ディオール	1947	タグ・ホイヤー	1860	DFS	1961
ドン ペリニヨン	1668	ロエベ	1846	ゲラン	1828	ショーメ	1780	ル・ボン・マルシェ	1852
ヴーヴ・クリコ	1772	セリーヌ	1945	パルファム ジバンシイ	1957	ゼニス	1865	セフォラ	1970
クリュッグ	1843	ベルルッティ	1895	ケンゾー パルファム	1987	フレッド	1936	マイアミ・クルーズライン・サービス	1963
メルシエ	1858	ジバンシィ	1952	ベネフィット	1976	クリスチャン ディオール ウォッチ	1975	サマリテーヌ	1869
ルイナール	1729	ケンゾー	1970	メイクアップ フォーエバー	1984	デビアス※※	2001		
シャトー・ディケム	1593	エミリオ・プッチ	1947	フレッシュ	1991	ウブロ	1980		
ヘネシー	1765	フェンディ	1925			ブルガリ	1884		
ベルヴェデール	1996	ダナ・キャラン	1984						
グレン モーレンジィ	1843	マーク・ジェイコブス	1984						
		クリスチャン ディオール※	1946						
		イードゥン	2005						
		ロロ・ピアーナ	1924						

注）本組織図は，LVMH傘下の主なブランドを紹介している．表記されている年数は各ブランドの設立年（ドン ペリニヨンのみ認証年）．
　※クリスチャン ディオール クチュールは，LVMH モエ ヘネシー・ルイヴィトン SA の約50％の株式と議決権を有するクリスチャン ディオール SA に属している．
　※※デビアス社とLVMHによる合弁会社．
出所）LVMH公式ホームページ参照（http://www.lvmh.co.jp/group/organization.html）．

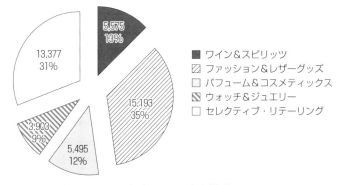

図3-2　2014年度 LVMH 売上構成（単位：億円）
注）円換算は2014年度ユーロ平均換算レートを使用．
出所）LVMH 公式ホームページ参照（http://www.lvmh.co.jp/group/organization.html）．

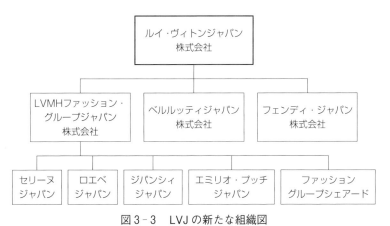

図3-3　LVJ の新たな組織図
出所）LVMH 公式ホームページより筆者加筆（http://www.lvmh.co.jp/group/organization.html）．

の一等地である銀座と表参道に出店しているが，これも LVMH による資金調達による．ある意味競合ブランドであるセリーヌやロエベも LVMH の一員として，同じように日本の出店戦略において支援を受けている．しかし，ブランド各社は，営業方針やマーケティング戦略，商品開発に関する意思決定の権限が与えられ，日本市場では LVJ と競合している．しかし，2015年 LVMH は日

本における経営責任の明確化とコーポレートガバナンスの向上を図ることを目的として，グループ企業再編に着手した．各ブランドの現地法人はLVJを親会社に据え，傘下のジバンシィ ジャパン，セリーヌ ジャパン，ロエベ ジャパン，エミリオ・プッチ カンパニー，ファッション グループ シェアードサービシィーズを擁するLVMH ファッション・グループ・ジャパンとベルルッティジャパン，フェンディ・ジャパンに分社した（図3-3）．ルイ・ヴィトン ジャパンは，これら3社を完全子会社として日本市場で新たな展開をおこなうことになった．

（2）ブランド価値の浸透
① 出店施策と店舗環境
　LVは，1978年の日本支社開設当初から商品供給システムは貿易商社を使わず，自社による直接輸入方式とした．当時多くの海外ブランド企業は，一般的にリスク回避の目的で輸入総代理店方式を採用していた．代表者であった秦は，すべての流通プロセスを直営方式によって，日本市場でビジネスを展開することを提案したが，本社もかなりの決意を要したはずである．先ず，高島屋など主要百貨店6店舗に出店先を絞り込むことにより，売場管理と在庫状況を自らの管理下におき，ブランドコンセプトに基づく店舗環境（店舗の標準化）で統一させることを第一目標とした．つまりLVというブランドイメージを顧客に店舗そのもので体感してもらい，ブランド価値を確立させようとする戦略であった．この斬新な戦略は，圧倒的な顧客の支持を獲得し，高い売上効率の実績をあげ，その後の市場展開へブランド価値の浸透という最大の競争優位の源泉となった．
　1981年支社から新たに法人LVJを設立し，秦は代表取締役として迎え入れられた．秦は，日本市場においてブランド力構築のためには既存の百貨店ではなく，好立地の路面主体の直営店舗が重要であると本社に提案し，自らの判断のもと出店を加速させた．この内製化した直営店舗のマネジメントから独自の店舗運営や接客販売スキル，顧客管理法，ロジスティックス等のノウハウを経

営資源として蓄積していった．商品流通の一元化と出店拠点の集中と選択は，大幅なコスト削減が実現することになった．これまで百貨店や商社，並行輸入業者が各々独自に買い付けし，その結果，日本市場でフランス本店の販売価格の2‐3倍の価格で販売されていた商品が，為替連動した適正な数値である1.4倍までの変動価格制にすることが実現した．前述したが，1970年後半の海外旅行ブームの時に起こったパリ本店に日本人観光客が列をなして殺到し，商品を奪い合うというセンセーショナルな出来事があった．この価格差による日本人の購買行動を起因としたLVJの価格政策は日本市場において顧客の絶大な信頼を獲得し，新たな顧客層を巻き込みながら，売上拡大に貢献することになった．

② 総合ファッションブランド化成功の店舗標準化

1998年，LVのグローバル戦略と日本市場戦略は，再び大きな転換期を迎えた．これまで鞄をコア商品とした皮革製品のブランドから総合ファッションブランドへ企業変革をめざしたことである．その試みは，ニューヨークで活躍する若手デザイナーのマーク・ジェイコブスをアートディレクターに大抜擢し，婦人既製服であるプレタポルテと靴の市場に新たに参入することであった．同年パリコレクションへブランドとして初めて参加し，それに合わせて一大プロモーション活動を展開し，話題は全世界へ伝播することになった．一方，コア商品である鞄は創業時から看板といえる従来のモノグラムラインとよばれる，有名なLVブランド柄の商品に加えて，1985年からエピライン，ダミエ柄と徐々に商品ラインを拡充していたが，この年マーク・ジェイコブスは現代アート的で斬新なヴェルニラインを加えた．ところが，LVの保守的嗜好の古い顧客からは，プレタポルテへの参入やヴェルニラインに対して離反が起こり，一時的に顧客離れという混乱が生じた．しかし反面，今までにない若々しい新たな顧客層の獲得や斬新なブランドイメージの向上，企業体質強化など多くの効果が生まれた．同年日本においても，関西初の直営7店舗目となる大型路面店を大阪心斎橋に出店したのと前後して，百貨店のすべてのインショップを自社

の社員で運営するという直営店舗化に切り替えはじめた．新規店舗は，総合ファッションブランド戦略で拡張された商品のフルライン展開が可能な大型店舗化に組み替え，生産ラインから店頭フェースまでのサプライ・チェーンマネジメント（以下 SCM）を成功させるため，店舗のバックヤードまで徹底的に標準化をおこなった．2015年6月時点の店舗数は，54店舗（内百貨店41店）となっており，これらの店舗出店基準は基本的に以下のとおりである．

鞄のみを展開する100坪クラス店，鞄と靴を展開する130坪クラス店，プレタポルテを加えた230坪以上のフルライン店と出店規模とそれに合わせた内装環境もすべて標準化させている．各店舗は，売場面積に相当する30％のバックヤードを確保している．店舗規模の標準化のために百貨店との店舗交渉においても，もし既存店舗の増床が不可能な場合は，退店するという強い姿勢で臨んだ．百貨店はLVとの交渉申し入れに際して，戦々恐々としているようであったが，多くはLVのブランド力の前では，出店条件を認めざるを得なかった．現在主要都市の好立地に限定して，大型店舗の出店を進めているが，出店基準のハードルは高い．なお，出店施策に関してはLVMHからLVJ社に対し全面的に権限委譲している．LVJの単体売上未発表であるが，2014年度も1500億円を超え，全世界のLVの売上高の20-25％にも達していると推定される．

（3）SPA（製造小売業）型ビジネスモデルの導入

LVJが店舗の標準化を進めた背景には，商品供給システムにアパレル業界から生まれたSPA型ビジネスモデル導入の意図が存在する．従来のシステムは，フランス本社への商品発注は月1回程度であったため，店頭での売れ筋商品の欠品が生じ，販売機会損失や在庫重複による不良在庫の発生が収益に大きく影響していた．基本的には，在庫商品があらかじめ定めた基準で減少した時点で，本社に追加発注する方法が採られ，在庫を把握しながらの需要対応型の一般的なシステムであった．しかし，ある特定商品に売れ筋が集中すると，品番によっては在庫の過不足が顕在化するケースが多発し，欠品と過剰在庫という非効率な事態になっていた．この問題に対して，店舗の大型化と標準化を進

めることによって，店内に広いバックヤードスペースを確保し，常に店舗管理者が商品動向や在庫状況の管理がしやすくなった．加えて，本社とのオンラインシステムの高度化によって，週単位という短サイクルの発注業務が可能となり，発注から納品までの効率性がバージョンアップされることになった．たとえば，類型と考えられるのは，企業間の情報共有とロジスティックスに支えられた SCM 商品供給システムを構築している，国内外のアパレル企業で SPA 型ビジネスモデルであろう．長い歴史と伝統を持ち合わせた高級ブランドの LV が，アパレル企業から生まれたビジネスモデルである SPA を実践していることは，伝統を守りながら，常に新しい挑戦という企業体質を垣間見ることができる．パリ本社では，最新の情報システム技術と最適な物流システムの融合にヒト・モノ・カネという莫大な経営資源を投入している．最新システムでは，LVJ から日本市場の商品別需要予測を瞬時に送れば，本社サイドで日米欧の需要予測を合算して数値化し，素早く生産計画を組み立て，各市場へ生産工場から週単位で商品供給するシステムが確立されている．まさに適切な時期に，適切な商品を，適切な方法で供給する SPA 型ビジネスモデルそのものであるといえるだろう．

（4）店頭におけるブランド価値創造

　LV の店舗に入ると，必ず多くの顧客が感じる仕掛けがある．店舗の出入り口の間口が広く，店内の照明も適度に明るく，いかにも入店しやすい店舗設計になっている．鞄の見せ場である壁面の棚什器は，どの場所からでも陳列された商品がすっきりと見えることが可能なように設計されている．加えて，LV はいかにも高級ブランドという重圧感を顧客に与えないよう意図している．店舗外面のショーウインドウには毎シーズンのコンセプトに沿った世界共通の最新ビジュアルと商品を見事なまでに調和させ，人々のキャッチアイを実現している．主要な顧客層は，裕福層から OL，高校生まで実に多層的である．これは年齢で捉えるならば，18歳から60歳代と実に広範囲であり，他のブランドでは到底考えられない．高級ブランドという店構えを維持しながら，これほどま

でに多彩な客層に支持されることは類まれなブランドといえる．日本における販売実績から推定すると，2500万人のLV愛好者がいるといわれる．2003年に開店した筆者の出身地である神戸店にも，LVサロンというVIPルームが設置されてるが，LVにとって最も重要な顧客の位置づけは，購入履歴の高い顧客ではなく，すべての購入者をさしている．そして一度でも購入した顧客をリピーターとして，再び購入してもらい，将来的に高頻度の購入顧客へ移行させることを経営課題としている．そのためには，商品価値とともに店舗価値であり，企業価値を高めることが重要であると考えている．異業種のプレタポルテへ参入したことから，商品開発はシーズン性という新たな領域へ踏み込んだ．これまでのシーズン性が希薄な鞄を中心とした顧客が新たなアパレル商品によって，来店頻度が上がり，衣料品と靴による新規顧客と重なり，最終的に高い売上実績とブランド価値へのロイヤルティ（loyalty）に結びついているといえる．旅行鞄の専門店から出発したLVは，今やプレタポルテ参入により，ファッショントレンドに敏感な新たな顧客と既存顧客との良循環の関係を構築している．

新店舗を開店する際，必ずオープニングパーティを開催することが重要なプロモーション活動としている．パーティには購入履歴の高いVIP顧客を招待し，マスコミへの露出度を考慮し，各界のファッションリーダーも招き，トレンドに敏感な新規顧客との関係構築も意図している．また，多くの来店顧客に対しては，ワントゥワン接客の質的向上やネット，オンラインサービスを拡充させ，修理などのメンテナンス部門も設置し，顧客の囲い込みと育成を同時におこなっている．商品は，全国どの店舗で購入しても有償・無償で修理を受け付け，顧客サービスの充実を図っている．現在店舗がない地方の顧客には，オンライン・オーダーシステムを展開しており，地方出店が進む中で，このサービスは新たなギフト需要などのサービス提供へと変わりつつある．店頭において顧客が求める信頼と安心，満足というブランド価値を維持するためには，継続した総合的サービスが不可欠となる．店内では，顧客に対してテーブルに座らせてワントゥワン接客が基本ルールであり，アドバイスや購入商品の検品を目の前でおこなうことが世界共通のマニュアルとなっている．店舗スタッフは，全員

正社員で他のブランドのように契約社員や派遣，パートのスタッフはいない．正社員は，パリ本社へ入社3年目，7年目，10年目に派遣研修に参加でき，パリ近郊の直営工場も見学することになる．加えて，店長や副店長クラスは，ヨーロッパ文化の伝統を学ぶ一般教養研修もおこなわれている．トップマネージャーは，教養を身につけることが多様な顧客への対応能力になると考えているのである．

3-3 現地法人化による直営店舗化の妥当性

　これまでのLVの事例を踏まえて，海外ブランド企業が日本市場参入するにあたり，初期段階でおこなわれた間接型流通形態である輸入総代理店方式と日本法人を設立して直接型流通形態について議論してきた．
　一般的に商品は，製造メーカーから卸売業者へ，そして販売小売業者へ流通しながら所有権も移転していくと考えられている．LVが輸入総代理店と契約し，商品流通がおこなわれた場合，製造メーカーとして商品を販売し，所有権も移転したことになる．輸入総代理店は，商品を卸売業者という機能で全国の百貨店や専門店などの販売小売業者へ販売する．つまり，LVは輸入総代理店へ販売した時点で所有権は消滅したのである．いいかえれば，LVは商品移転によって不良商品や在庫リスクは無くなり，販売するための店舗出店にかかる莫大な資金負担も存在しない．しかし，輸入総代理店や小売業者は，自社の利益配分やリスク要素を販売価格へ転嫁させるため，パリ本店の商品と2-3倍の価格設定となっていても口を挟むことはできない．輸入総代理店は，商品が順調に売れいる限り在庫リスクを負担しても，利益転嫁の販売価格により，効率よく高収益を得ることが可能となる．業界では，この高い設定の小売価格の売上消化率をプロパー消化という．一般的に平均で約60％消化が損益分岐点として小売価格の設定をおこなっている．プロパー消化ができなかった在庫商品は，セールによって大半は処分されることになる．今では考えられないが，

LVの鞄がセール商品として大量に販売されていた時期があったといわれている。たとえば、プロパー消化率60％の販売実績があがれば、残り40％をセール販売しても、その売上がすべて利益として残ることになる。60％以上の高いプロパー消化であれば、相当の収益が上がる仕組みとなっていた。

　一方、LVは日本市場でパリ本店の2-3倍以上の高価格帯の設定では、売上拡大が見込めないと判断し日本支社を設立した。そこで、支社代表であった秦は、輸入総代理店の高島屋商事との契約更改を回避するという経営判断をおこない、直ちに日本法人LVJを設立した。つまり、自ら販売チャネルを開拓し、製造・輸入・販売の一元化をおこなうことによって、販売価格帯を下げる選択肢を選んだのである。輸入総代理店を通さないことは、百貨店や専門店などの小売業者に再販する卸売機能を内製化したことになる。当時の取引先は、高島屋商事によって百貨店や全国の有力専門店という販売チャネルが構築されていた。LVJは、この販売チャネルは継承しつつ、百貨店との交渉では、店舗運営を直営方式に切り替える戦略を進めていった。また、専門店との取引は、徐々に取引先の絞り込みをおこなった。百貨店は、あくまで直営店舗として、一つの出店場所と位置づけ、すべての店舗運営を自社社員でおこなうことになったのである。その後は、東京や大阪など大都市圏の好立地に大型路面店を開店させながら、LVのブランド価値を構築させながら、すべて直営店舗という販売チャネルを確立していった。

　直営店舗方式による大型路面店や百貨店内の大型店舗では、商品アイテムの鞄や靴、プレタポルテの衣料品などフルラインの品揃えができ、顧客と直接対面接客することが可能となる。メリットは、商品の価格決定権と店舗内での計画的な品揃えがあげられる。そして、膨大な顧客情報の獲得やマーケティングリサーチができることである。この時期にLV本国は、多くのヒト・モノ・カネという有限の経営資源を日本市場に投入する大きなリスクを負ったが、成功したことによって、多くの経験価値やノウハウを蓄積することができたといえる。さらに、卸売機能を統合したことによって、本国から店頭までの商品供給システムのSCMを構築することができた。そのプロセスで、店頭情報をオン

ライン化することで，商品の需要予測の精度が上げられ，ロスのない効率性の高い生産計画が可能となり，結果的に製販一体のアパレルに近い SPA 型ビジネスモデルとなったのである．現在，LV は LVMH グループの中核企業として，全世界に販売チャネルを構築し，自他ともにラグジュアリーブランドの代表的なポジションを確立している．その基盤となったのは，1978年初めての現地法人として進出した日本市場での成功事例が「ジャパンモデル」として活かしたことである．

むすびに

　ファッション企業がブランド価値を維持するための条件は，品質の安定と商品開発力，多様な顧客満足を与えるサービスである．さらに好感度のブランドイメージの管理が重要となる．たとえば，1960年代にプレタポルテで画期的なスタイリングのミニスカートが発表され，世界中の女性から支持されたことで知られる大物デザイナーのピエール・カルダン．彼は日本市場参入において大手商社との間でブランドの使用許可であるライセンス契約を締結した．商社は，カルダンの商標を使用し国産のプレタポルテの生産に止まらず，鞄や靴，靴下，スリッパ，食器，日用雑貨，トイレ用品に至るまで，ブランドの製品ミックス戦略をおこない，過剰在庫からスーパーマーケットやディスカウントショップにまで販売チャネルを拡げ，最終的に商品が市場に氾濫する結果となってしまった．そして，顧客のカルダンに対するブランド価値は崩壊し，市場から消滅してしまった．現在でもフランスを中心に欧州でカルダンは，高級プレタポルテとしてブランド価値を持ち続けている．海外ではブランド価値があり人気のバレンチノ・ガラバーニやクレージュも同様に日本国内での誤ったブランディングによって，ブランド価値は失墜したままである．このように，日本市場ではブランドイメージの管理体制が格段に重要であることが分かる．
　一方，英国の伝統的な高級コートメーカーのバーバリー社は，1970年日本で

のライセンス契約を三陽商会と締結した．三陽商会は，富裕層の中高年向きの保守的でクラシカルなブランドイメージを刷新し，新たな顧客層を開発するために，本国にはない斬新なスタイリングでブランド変革を模索した．1996年若年の富裕層をターゲットにバーバリーの伝統とトレンドを融合させた，品のあるモダン・クラシックスタイルを提案すべく「バーバリー・ブルーレーベル」を発表した．そして，人気タレントを使ったマスコミやファッション雑誌へのプロモーション活動を大々的に展開し，瞬く間に若年層の支持を得て，女子学生まで巻き込んだ社会現象といわれたバーバリーブームを引き起こした．さらに1998年には「バーバリー・ブラックレーベル」を発表し，日本市場で海外ブランドの新たなポジショニングを開拓し，ブランド変革に成功した．三陽商会はバーバリーのライセンスビジネスに成功し，ピーク時には売上高1300億円を超え，バーバリー単体売上は全体の約50％を占めていた．近年も常に1000億円を超え，日本有数のアパレル企業へと成長した．しかし，2014年英国バーバリーは，三陽商会と45年にわたる新たな契約更改を終了し，同年バーバリージャパン社を設立し，2015年8月から直営店舗で英国発の世界統一イメージの商品を中心に販売している．その背景には，ラグジュアリーブランドとしての地位確立のための戦略がある考えられる．三陽商会は2009年にバーバリー社とのライセンス契約が2015年までと合意していた．つまり，2009年にはライセンス契約が切れることが分かっていたが，売上高の50％というバーバリー依存型からの脱却という企業変革ができず，今日業績不振が露呈している．

　このようにブランドの競争優位を構築し，持続と向上をめざすためには顧客の良好なブランドイメージと顧客満足に細心の注意を払わなければならない．さらに，不確実に変化する経営環境に適応するための企業変革，もしくはブランド変革をおこなわなければ，成長機会や存続すら危ぶまれることにもなりかねない．常にブランド価値の陳腐化という脅威を念頭に置く必要がある．

　LVは，1970年代日本の海外ブランドビジネスの輸入総代理店システムを現地法人LVJの経営戦略によって，流通経路の一元化を実現し，直営方式というSPAと類型の新たなビジネスモデルを構築した．その成果は，流通にかか

わる多くのプロセスのコスト低減に結びつき，伝統の高品質な商品でありながら，顧客満足の最大要因である戦略的な価格設定を実現させた．加えて，ブランドコンセプトに基づく店舗環境の標準化や店舗オペレーション，効率的なSCMの構築，効果的なプロモーションなど多くの課題を克服したことである．エルメスやシャネルなどのラグジュアリーブランドは，このLVのビジネスモデルを参考として，追随していることからもこの企業変革がもたらした影響は計り知れないと考えられる．

注
1）プラザ合意
　1985年9月22日，ニューヨークのプラザホテルに先進国5カ国（日・米・英・独・仏＝G5）が集まった会合で決定した，外国為替市場での協調介入をおこなうことへの合意のことである．具体的には各国がドル安に向けて協調行動し，つまりドルに対して参加各国の通貨を一定幅できる上げることになった．その方法として参加各国が外国為替市場で協調介入をおこなう内容である．この合意の発表前日は1ドル240円程度だった円のドル為替相場は，年末には200円を切る水準となり，1988年初には120円台までに高騰した．これをきっかけに資金が日本に流入し，国内の証券市場や不動産市場は活況を呈した．その結果，1980年代後半には，史上空前の資産バブルが発生した．
2）バーバリー（Burberry）
　1856年トーマス・バーバリーによって設立された，英国を代表するラグジュアリーブランドである．創業者であるトーマス・バーバリーは農民が汚れを防ぐために服の上に羽織っていた上着をヒントに「ギャバジン」といわれる耐久性・防水性に優れた新素材を生み出し，1888年に特許を取得し，1917年までギャバジンの製造権を独占した．1924年有名な「バーバリー・チェック」が誕生した．これは，コートの裏地としてデザインされたのが起源で，1967年にパリのショーで発表された傘にバーバリー・チェックを裏地以外で初めて使用し注目された．その後，バッグやマフラーなどファッションアイテムに使用されることになった．1911年には人類で初めて南極点に到達したアムンゼンが防寒具として使用したり，第1次世界大戦時の1914年にはトレンチコートとして英国陸海軍に正式採用され，大戦中に50万着以上が着用された．トレンチコートは，映画「ティファニーで朝食を」や「カサブランカ」でピーター・セラーズ，オードリー・ヘプバーン，ハンフリー・ボガート，作家のコナン・ドイル，キャサリン・ヘプバーン，元英首相ウィンストン・チャーチルなど多くの著名人が愛用したことでも有名である．また，1955年にはエリザベス2世のロイヤルワラントを授かり，1989年には英国皇太子によって認証を授かっており，イギリス王室ご用達でロイヤルの称号を持っている．日本では，英国バーバリー社よりライセンスを受けた三陽商会がバーバリーの伝統にトレンドを融

合させた「バーバリー・ブルーレーベル」や「バーバリー・ブラックレーベル」を展開し，若い世代にもアピールすることによって新たな市場を開拓した．しかし，2015年両社は契約更改をおこなわず，2015年英国バーバリー社がバーバリー・ジャパン㈱を設立し，三陽商会との関係は解消することになった．今後は，直営店方式で日本事業を拡大する方針である．

3）ライセンス

中間業者に自社ブランドのカテゴリー別使用権を与えて，商品を生産・販売させてロイヤルティを徴収する流通形態のことである．いわゆる「ブランドを貸すビジネス」の方式ともいえる．

4）秦郷次郎

1978年LVの日本およびアジア・太平洋地域代表となり，1981年LVJ設立に際し，代表取締役社長に就任．以後30年にわたりLVに献身し，全世界の3分の1を日本市場が占めるまでに日本法人を成長させた．秦の経営戦略は，フランス本社から「ジャパン・モデル」と敬称され，海外戦略におけるモデルとされた．また，「ブランドビジネスと何か」を常に問いかける活動もおこなっている．現在，秦ブランドコンサルティング株式会社の代表取締役社長である．他に，ルイ・ヴィトン・マルティエSAの特別顧問も務めている．2001年フランスよりレジオン・ドヌール勲章シュヴァリエを叙勲した．

5）ベルナール・アルノー（Bernard Arnault）

フランスの実業家．LVMH及びクリスチャン・ディオールを部分的に所有すると同時に，両社の取締役会長兼CEO（PDG）を務める．ディオールやルイ・ヴィトンなどLVMHを通じて多くの高級ファッションブランドを手中に収めていることから「フランス・ファッション界の帝王」「ファッションの法王」などの異名を持つ一方で，その冷徹かつ攻撃的な経営姿勢や買収を決断した企業・ブランドをことごとく手中に収めるさまから「カシミヤを着た狼」「ターミネーター」などの異名も持つ．

6）マーク・ジェイコブス（Marc Jacobs）

マーク・ジェイコブスは1963年4月9日のニューヨーク市生まれ．パーソンズ・スクール・オブ・デザイン在学中から，年間最優秀デザイン生徒賞をはじめ，同スクールの主席生徒に与えられる数々の賞を受けるなど，輝かしい受賞実績を残した．1986年米国オンワード樫山の支援で会社を立ち上げ，「マーク・ジェイコブス」ブランドで初のコレクションを開催する．2001年からセカンドライン「マーク・バイ・マーク・ジェイコブス」をスタートし，メインブランドとの2本柱でブランドを展開してきたが，セカンドラインは2015年秋冬コレクションをもって廃止し，メインブランドに一本化する．また，1997年から2014年までルイ・ヴィトンの服飾部門のデザイナーとしても活躍し，LVのファッションブランドとしての価値構築に大きく貢献した．名実ともに世界的なファッションデザイナーとして広く知られている．

7）コングロマリット（conglomerate）

多種の業種・企業を統合してできた巨大企業集団のこと．近年盛んなM&Aなどを通じて，企業の多角化が進んでいる．製品も市場も異なるような，いわゆる異業種事業への参入する際におこなわれ，非関連多角化の企業統合形態を指す．

8）プロダクト・ポートフォリオ・マネジメント（Product Portfolio Management）

　プロダクト・ポートフォリオ・マネージメント（PPM）とは，1970年代はじめにボストン コンサルティング グループ（BCG）が提唱したもので，複数の商品を販売している企業が，戦略的観点から事業資金をどのように配分するかを決定するための経営・管理手法である．その方法は，横軸に「相対的市場占有率」，縦軸に「市場成長率」のPPMマトリックスによって，自社製品のポジショニングを次の4つのカテゴリーに分類する．(1)金のなる木（cash cow）（成長率：低く，占有率：高い）市場の拡大が見込めないため，追加的な投資があまり必要でなく，市場シェアの高さから大きな資金流入・利益が見込める分野である．(2)花形（star）（成長率：高く，占有率：高い）成長率・占有率ともに高く資金流入も大きいが，競合も多く，占有率の維持・拡大に多額の追加投資を必要とする．高シェアを維持し続けることで「金のなる木」へと育てるべきであるが，シェアが低下すれば「負け犬」となる．(3)問題児（problem child）（成長率：高く，占有率：低い）成長率が高い半面，占有率が低い分野である．多額な投資資金が必要な一方，多くの資金流入は見込めない．占有率を高めることによって「花形製品」となるが，シェアの低いまま成長率が鈍化すれば「負け犬」となる．(4)負け犬（dog）（成長率：低い，占有率：低い）市場占有率が低く，今後の市場成長率も見込めないため撤退が検討されるべき分野を示す．しかしながら，事業分野を成長率と占有率の2軸で4つのいずれかに分類するのは分かりやすい半面，事業戦略としては単純化しすぎているとして，さまざまな課題があると指摘されている．

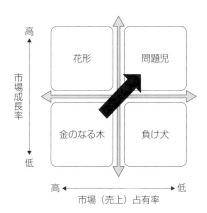

製品ポートフォリオ・マネジメント（PPM）

第4章

ファストファッションにおける
競争優位のメカニズム

はじめに

　近年，日本のファッションアパレル産業は，想定を超える国内景気の低迷やハイスピードで進むグローバル化の進展により，今まで以上に消費者ニーズが複雑に多様化している．さらに少子高齢化と人口減少による市場収縮という不可避な課題に直面し，ますます企業間の競争が激化している．また，日本市場で1985年から20年以上にわたり好調であったルイ・ヴィトンをはじめとする海外ラグジュアリーブランドでさえも，これらの環境変化に対応できず，ビジネスモデルの劣化による陰りが見え始めている．百貨店においては，構造的不況業種といわれるほど深刻な売上不振に陥り，ビジネスモデルのリストラクチャリング[1] (restructuring) による企業変革が求められている (大村 2011). 重要なことは，生物が進化の過程で大きな変化を遂げたように，持続的な成長にはさまざまな環境変化への適応や大きな転換が不可欠であることを忘れてはならない．Christopher and Louren (2004) によると1990年代以降のアパレル市場には，①商品の短いライフサイクル，②消費者の移り気の激しさ，③商品の予測測定の低さ，④高い衝動による購買動機，⑤地球温暖化による天候不順の影響，という特性がある．ところが，今までの伝統的な経営手法は，消費者の需要のみに対応する表出されたさまざまなデータベースと価値前提 (value premises)

による予測に基づいており，結果として思いがけない在庫過剰と不足をまねく危険性があると指摘している．近年では，価格，品質に加えて，個性という三点志向が強い消費者がマス市場としての中核を形成しているといえる．つまり，現状のアパレル市場の課題は，製品ライフサイクル（product life cycle）のファド（fad）化と消費者が購入対象とする商品の選択において，価格や品質のみならず差別化による個性という価値を重視する傾向にあると考えられる．今日，消費者の購買基準が過去に経験したことがないといえるほど，複雑かつ複合的な価値連鎖（value chain）を求めているのである．

一方，ZARAやH&M, FOREVER21, GU（ファーストリテイリンググループ）といったSPA型ビジネスモデルを進化させたファストファッション（fast fashion）企業は，衣料品販売のシェアを大きく伸ばしている．

2008年9月，H&Mが東京銀座においてに日本一号店を出店したが，開店月間売上高が15億円超と驚異的な数字をあげ，日本のファッション業界に大きなインパクトを与えた．さらに，2009年4月東京原宿に同じく一号店をオープンさせたFOREVER21は，そのH&Mの開店月間売上高レコードをいとも簡単に塗り替えることになった．ZARAは，1998年日本進出以来，店舗投資による高級感あるイメージ先行型のプロモーション活動によってブランド浸透をはかり，着実に顧客の信頼を獲得し，2015年4月には国内主要都市で95店舗，売上高400億円規模となっている．日本の消費者は，世界で最も厳しい商品選別の目を持つといわれている．多くの海外ファッション企業は，新製品や新ブランドのテストマーケティングのフィールドとして日本市場を選択し，日本人の目利きに適った製品をコア商品として編集し，中東やアジア諸国へと進出している．

本章では，ファストファッションの代表的企業であるZARAを事例研究することにより，そのビジネスモデルの競争優位（competitive advantage）に関するメカニズムを抽出させ，これからの日本のアパレル企業が進むべき方向性を示唆することを目的とする．

4-1 ファストファッションとサプライチェーンマネジメント

（1）ファストファッションの現状

多くのファッション関連のビジネスが苦戦を強いられているなか，ファストファッションといわれる新たなブランド価値の創出により，急速に世界の販売シェアを伸ばし始めている企業が存在している．ファストファッションとは，世界のマーケットを目指すことを基本的な戦略として，最新のトレンド（trend）を素早く取り入れながら，徹底的な低価格の衣料品を短期間に大量生産し，販売するファッションブランドやその業態のことである．つまり，手軽に，気楽に，安く，そして最新の流行を日常的に着ることができるという，すこし欲張りな満足感を与えてくれるファッションといえる（図4-1，図4-2）．代表的な企業としては，ZARA（スペイン），H&M（スウェーデン），FOREVER21（米国）が3大ファストファッション企業として認知されている．さらに最近では，日本のUNIQLOを主体としたファーストリテイリングが運営するGUが，SPA型からファストファッション型へとビジネスモデルを移行させる企業変革に取り組み，「3プラスワン」ともいわれている（図4-3）．

日本の消費者がファストファッションを実際に購入する理由をアンケート調査したところ，①安くてかわいい，②情報で知り得たトレンドデザインが満載，③商品の種類が豊富で楽しい，④手ごろな価格（安価）で品質も満足，というキーワードが抽出された（サンケイリビング新聞社 2011）．

つまり，各企業の商品コンセプトや狙い（最新のファッションを素早く安価で提供）そのものが，厳しい目を持つ日本人の消費者にも受け入れられており，このことが短期間にブランド力を獲得した理由に依拠するところでもある．

ここで，2015年度通期決算により世界の衣料品専門店の売上高ランキングを概観（表4-1）するとINDITEX社がトップとなった．ここ数年来，ZARA（INDITEX社）は，主に南アフリカ，レバノン，カザフスタン，ロシアを中心

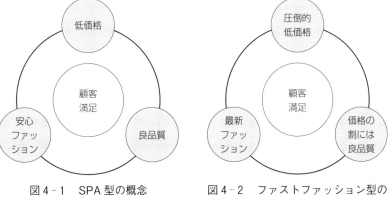

図4-1　SPA型の概念
出所）筆者作成.

図4-2　ファストファッション型の概念
出所）筆者作成.

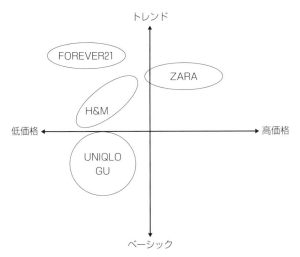

図4-3　ファストファッション企業のポジショニング
出所）筆者作成.

表4-1　世界衣料品専門店企業の売上推移及びランキング

(単位：億円)

順位	企業名	国名	2015年	2014年	2013年	店舗数	基幹ブランド
1	インディテックス	スペイン	27,420	24,254	23,300	7,013	ZARA 65%
2	H&M	スウェーデン	25,501	23,664	21,200	3,924	H&M 95%
3	ギャップ	米国	19,114	16,600	16,380	3,721	OLD NAVY 42%, GAP 36%
4	ファーストリテイリング	日本	16,817	13,839	11,430	2,978	UNIQLO 82%
5	リミテッド	米国	14,706	13,554	10,740	2,969	Victoria's Secret 63%

注）円建て比較にあたり，為替レートは2016年1月末のUSドル＝121円で換算している．
出所）各社のアニュアルレポートにより筆者作成．

にピンポイントの出店戦略をおこなってきた．そして，2011年度よりアジア地域に重点を置き，韓国，台湾，中国そして日本での店舗拡大を目指しており，3年間に659店舗を出店させている．2015年度もアジアをシンガポール，タイ，マレーシア，インドまで地域を拡大し，約200店舗の出店を計画している．第2位のH&Mは，中国やインドなどの成長著しい新興国への出店を加速させ，2014年の1年間に146店舗を出店し，さらに規模の拡大を図っている．また，両社に共通することは生産国の主流が南ヨーロッパ，北アフリカ，東南アジアであったが，出店とともに東欧のブルガリア，エストニアや南米のペルー，チリ，ボリビア，そしてアフリカの南アフリカ，エチオピアなどの国々へ生産や物流の拠点開発も並行しておこなっていることである．

ところで，FOREVER21は，現時点では上位にランクインしていないが，ファストファッションの急成長企業として世界で最も注目されている企業の一つである．2007年から本格的な国際化を目指し，日本にも前述のとおり，2009年4月に進出している．2015年には全米全土480店舗を擁し，海外18カ国に進出し，さらに今後3年間に東南アジアを中心に120店舗の出店が決定されている．現在非公開であるが，2012度売上高は推定36億USドル（約3400億円＝95円／ドル）と2007年対比313％となっていた．その後も順調に業績を伸ばしている

ので，2016年にはベスト10にランクインすることが確実視されている．

4-2　新たなサプライチェーンマネジメント

　ファストファッションの特徴は，企画・開発から生産・販売までのプロセスにおいて一貫してスピードを重視しながら，物流段階では合理的な効率性とコスト削減，企画・開発段階では高度な技術開発と品質力の向上がなされ，恒常的にコスト削減，高技術・高品質，スピード力向上，最新の市場情報の獲得と共有をおこなっているビジネスモデルである．また，さまざまなコンテンツを駆使してシーズンインの後，店舗情報の獲得による商品の「選択と集中」という追加生産重視という従来のSPA型ビジネスモデルとは違い，多品種，多品目の商品群という「分散と拡張」をビジネスモデルの根幹とし，一切追加生産をおこなわない「売切れ御免」という新たなスタイルを貫いている．ここで注視すべく点は，これまでのビジネスモデルとは相反する「分散と拡張」型がどうしてコストパフォーマンスと高収益を実現できるのかという問題である．それは，企画・開発・生産・物流・販売チャネルのすべてが完璧なまでに一元化され，既存の範疇を超越した世界の国々へ広がる，あたかもマフィア（mafia）のような絆で結ばれた組織ともいわれる強固なサプライチェーンマネジメント（Supply Chain Management：以下SCM）の構築である．このSCMの構成メンバーの団結力こそが，今まで非効率ゆえに実現不可能とされた「分散と拡張」型のビジネスモデルを高い効率と収益を実現させている大きな要因となっている．そもそもSCMの目的は，①在庫の削減や直接的な製造コストの削減といった生産性の向上と欠品をなくす，②発注から納品までのリードタイムの短縮化から派生する顧客満足度の向上，という2つの重要なメリットを同時に達成することである（Gattona 1999）．そして，SCMとはモノそのものの流れ全体から業務プロセスの流れを直視し，管理，運営することによって，より早く効果的に，適正価格で，質の高い，かつ競争力のある製品やサービスを顧客に提供し

ようとする管理手法である．Christopher and Louren（2004）が指摘したアパレル市場において，高収益をあげている企業は，まさにこうしたSCM構築を目的とした行動を愚直におこない，そして達成していると考えられる．しかし，近年のアパレル市場は，従来型のSCMでは対応が困難になっているため，商品開発，調達から生産・物流・販売に至るプロセスの管理，アイテムの改廃を含むアジリティ（agility）なSCMを構築する必要がある．日本のアパレル企業は，さまざまな付加価値を競争優位の源泉として捉え，もともと高コスト体質が潜在化し，バブル崩壊後，事業構造の転換が遅れてしまった．企画から販売の効率化を図ることで高コスト体質を払拭し，新しい企業体質を確立しつつあるが，多くの企業は道半ばとはいえ，いち早く体質改善に成功した企業と立ち遅れた企業との明暗は歴然とし，その差は大きく乖離している．また，現状のデフレ経済下において，価格志向と品質志向がともに強いコア消費者の存在からも，市場全体が低価格志向となり，アパレル市場は一層の価格見直しを迫られている．つまり，同じ品質の商品に対して，絶対的な価格の安さを求めるようになっているのである．その結果，多くのアパレル企業は，より規模の経済を求めることとなり，ファッションの原点である製品企画そのものの差別化が希薄になってしまった．ゆえに，どの店舗におこなっても商品企画や品揃えが同質化され，消費者にとって魅力のない商品となり信頼が失墜してしまった．さらに，追い打ちをかけるように低価格化により，販売数量が増加しても売上高が伸びず，経費は膨らみ収益は落ち込むという悪循環のスパイラルに陥っている．

　アパレル市場には，いわゆる流行製品を主力とする「トレンド志向」と定番商品を中心に品揃えする「ベーシック志向」という2つのタイプがある．トレンド志向タイプは，在庫の回転率を向上させる仕組みにより収益性を追求するのに対し，ベーシック志向タイプは，安い生産地で大量生産することによる規模の経済を追求するビジネスモデルである．トレンド志向の場合，製品のライフサイクルが短い商品ほど予測困難になり，販売リスクも高いといえる．つまり，販売リスクを回避するためには流行に合った製品を作る必要から市場情

や消費者ニーズをリサーチするマーケティング活動をおこない，的確に流行を取り入れ，高品質なものを提供しなければ生き残っていけない．アパレル製品がファッション性とトレンド性という属性を持つ限り，前シーズンのものはキャリー品として商品価値を失い，新しいものを購買するように消費者を喚起させる必要がある．そして，製品ライフサイクルが短い場合には，企画から販売までのサイクルのスピードをあげることによって，在庫の圧縮を図らなければならない．

　従来のアパレル市場は，川上・川中・川下という棲み分け型の業態構造ゆえに実需の変動に合わせて小刻みに生産量を調整することは困難であると考えられてきた．しかし，イノベーションといえる川上・川中・川下を統合したSPA型ビジネスモデルの誕生により，状況は一変した．リアルタイムで動くさまざまな市場情報を取り込み，そしてコミットするSCMの構成メンバーすべてが情報共有することによって，市場の需要を素早く予測し，QR[2]（Quick Response）により，発注から販売までの一連の生産サイクルのスピードが向上し，その結果として，在庫リスクを回避し，収益性の向上を実現することが可能となった．まさに，情報の共有こそがこうした延期的な意思決定の必要条件となったのである．ここでいう情報共有とは，SPA型企業の管理する企画から販売までの各機能間で，販売実績や在庫情報，生産計画などの情報を共有することを意味する．そのSPA型ビジネスモデルを進化させたといわれるZARA（INDITEX社）では，売上データと出荷データをデータベース化し，前日出荷された商品の売上動向についての詳細な情報探索まで可能としたシステムを構築するなど頻繁に情報共有をおこなっている．次節では，ファストファッションの代表的企業であるZARAの競争優位に関するメカニズムについて，情報共有によって進化させたSCMという観点から議論する．

4-3 ZARA の事例

(1) ZARA を中心とした INDITEX 社の成長への軌跡

　ZARA は，一般的に日本では社名のように思われているが，実際には INDITEX 社の保有する一つのブランドである．INDITEX 社は，現在ではスペインで最も大きな企業として有名であり，GAP（米国），BENETTON（イタリア），H&M（スウェーデン），UNIQLO（日本）と並ぶ世界を代表するファッションアパレル企業である．創業は，1963年スペイン東北部ラコルーニャでアマンシオ・オルテガ・ゴアナによって女性用のパジャマと下着の製造業者として事業をスタートさせた．事業は，ドイツやフランスの大手下着メーカーの受注により順調に推移し，工場設備の投資も積極的におこない拡大していたが，1975年突然ドイツの下着卸売業者から大量注文のキャンセルトラブルが発生し，一気に経営危機をむかえることになった．そこでオルテガは，苦肉策としてキャンセルが出た製品を売りさばくため，自ら店舗を持ち，新たな小売専門店の取引先を求め営業活動をおこない，わずか2年間でスペイン全土に販売チャネルを構築した．オルテガは，この苦しい経験を通してファッションビジネスで成功するには，現状の下請企業からの脱却と自らの経営資源ともいえる製造業と小売業を統合するビジネスモデル（製販垂直統合）こそが事業拡大と高収益に結びつくと学んだ．このことは，常に経営の進化を探求する INDITEX 社の経営理念のベースとなっている．

　1977年オルテガは，顧客ニーズを研究しながら自らの店舗で取り扱う婦人服を企画製造することを決断した．商品コンセプトは，20-40歳代を中心ターゲットにし，低価格でありながら素材と縫製にこだわる高品質の製品を目指した．その婦人服ブランドこそが ZARA である．1979年までに直営店舗を6店に増やした ZARA は，1980年代に入ってマドリッド，バロセロナ，リスボンなどのスペイン主要都市の一等地への出店を加速させ，1987年には32店舗を有する

スペイン有数の婦人服専門店のチェーンストアとなった．そして，1988年には初めての海外店舗をポルトガルのポルトに開店した．翌年1989年にはニューヨーク，1990年にはパリへと着々と国際的な出店をおこなっていった．その頃筆者は，パリのサンジェルマン地区で評判になっていたZARAを偶然に見つけることになり，混雑した店内に入ったことがあった．しかし，当時の顧客層は安価な商品に群がる中高年女性が中心であり，日本人のビジネス視点として印象には残らなかった．しかし，ZARAは，安くてオシャレで高品質のスペイ

表4-2　INDITEX社の保有ブランド一覧表

ブランド名	ターゲット年齢層	商品特徴
ZARA	18-25歳	INDITEX社の主要ブランド．全社売上高の64％を占める．最新モードの商品価値を低価格で提供し，世界有数の人気ブランドとなった．1998年日本進出．
Bershka	15-20歳	ZARAへの誘導ブランドという位置づけ．カジュアルファッションに特化．ZARAに続く主要ブランド化を目指している．2011年東京渋谷に日本初出店．
Pull & Bear	18-25歳	上品さとベーシックなスタイリングが特徴．店内では衣類を販売するだけでなく，提供する製品のメッセージや気持ちを伝えるための空間づくりをしている．
Massimo Dutti	25-40歳	ミセスに特化した商品群．都会的で洗練されたスタイルからスポーティーなスタイルまで，一貫してエレガンスにこだわった幅広いラインの商品を提案している．
Stradivarius	18-25歳	デニムジーンズに特化したカジュアルウエア．
Oysho	10-50歳	女性用ランジェリーや下着の最新ファッショントレンドを提供する自社開発ブランド．楽しくセクシーでフェミニンなランジェリーやモダンで都会的なカジュアルアウターウェア，カジュアルでくつろげるホームウェア，オリジナルアクセサリーや小物を展開している．
Zara Home	ノンエイジ	同社初のホームファニシングブランド．洋服を替えるように，気軽に部屋の雰囲気も，気分や季節によって変えていくライフスタイルを提案する．インテリア，家庭用品，アクセサリー，台所用品，Kids（子供のための）のための用品を展開している．
Uterque	20歳以上のアッパー層	INDITEX社の新業態の最新ブランド．ファッション小物と皮製品を含むハイクオリティの服の自社開発ブランド．

出所）INDITEX社ホームページ https://www.inditex.com を参考に筆者作成．

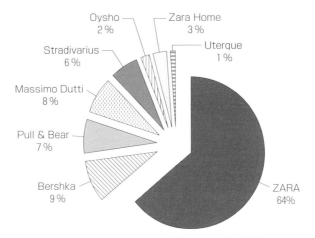

図4-4　INDITEX 社のブランド別売上比率
出所）INDITEX 社2015年1月期決算報告書より筆者作成．

ン発の婦人服メーカーとして瞬く間に大人気となった．1998年オルテガは，さらなる拡大を標榜し，ヨーロッパ全域，米国，アジアなど29カ国の海外出店と並行して，いくつかのブランドを買収しながら INDITEX 社として複合ブランド（表4-2，図4-4）の世界企業を目指していった．さらに，ポール・アンド・ベア（Pull&Bear），マッシモ・ドゥッティ（Massimo Dutti），ベルシュカ（Bershka），ストラディバリウス（Stradivarius）といったヨーロッパ各国の小売チェーンを買収により傘下に加え，ブランドと販売チャネルの強化も同時におこなった．そして，2015年には，ZARA を中心に世界88カ国に直営店7013店舗を持ち，総売上高2兆7420億円（2016年1月為替レート US ドル＝121円）を誇る世界有数のアパレル企業へと成長した．各ブランドは，独立採算制を採っており，それぞれが別々に受発注システムや倉庫・配送システム，そして協力業者を持っている．各ブランドチェーンに共通しているのは，手ごろな価格でトレンディな衣料中心に提供していることである．そのために INDITEX 社のすべてのブランドは，同じ SCM による管理手法を用いて市場ニーズへ迅速に対応している．

（2）ZARA のビジネスモデル

① 顧客満足へのこだわり

　ZARA は，INDITEX 社の総売上高の64％を占める基幹ブランドである．店舗は，一部フランチャイズ制を導入しているが，ほとんどが日本を含めて自主運営の直営展開を基本方針としている．新規出店のためのロケーションを決定するときには，常にコンスタントに黒字が確保できるだけの顧客がいる地域に店舗が属しているかが判断基準となり，広範囲にわたるマーケティング調査を実施する．そして，いつも人通りが多く，一流の店舗が並ぶ一等地といわれる商業地区に限定して出店する．つまり，郊外のロードサイドなどへの出店は一切おこなっていない．このような立地場所は，当然のことながら賃借料や保証金などの高額な投資資金が必要となるが，顧客にとって足場が良く，心地よくゆったりと店内を回遊することができるスペースを確保することこそが顧客満足を得て，売上増につながるという考えが根底にある．ゆえに，売場はゆったりとレイアウトされ，店内の什器の造作や配置，壁面や床天井の材質や色，そしてウィンドーディスプレーまでの細部にわたり，すべてラコルーニャ本社の店舗設計部門がデザインしている．つまり，ZARA にとって店舗のロケーションや人通りの多寡，店内レイアウトは，特に重要な意味合いを持っている．なぜならば，ZARA はほとんど広告媒体を使ったプロモーションをおこなわないからである．たとえば，同業他社であれば，平均全売上高の3.0‐3.5％を広告媒体に使っているが，わずか0.3％しか広告費として使っていない．このことは，ZARA の基本的なプロモーション戦略は，店舗そのものであり，顧客の口コミこそが最大のプロモーション活動という考えなのである．

　ZARA の典型的なモデル店舗は，レディス，メンズ，キッズ（子供服）の3つのカテゴリーから構成され，比率はレディス60％・メンズ20％・キッズ20％となっており，売上比率もほぼ構成比に準じている．ストア・マネジャー（以下 SMG）は，通常レディス担当のマネジャーが兼任することになっている．そして，販売員の社内教育を徹底的におこなうと同時に業績優良者に対して，早期 SMG への登用を奨励している．わずか入社5年目に年間売上高規模が30

億円店舗のSMGへの抜擢などがあり，社員の仕事へのモチベーションはすこぶる高い．SMGは各店舗の損益と日常的な運営の責任を持つことになるが，商品構成や販売価格，商品の注文量を決定する責任は本社が負うことになる．SMGの評価基準は，あくまで売上予算と達成とのバランスを見ることであり，いかに的確な販売戦略を組み立てられるかが重要である．つまり，販売能力と販促企画ができる特化型人材を登用しているのである．ZARAの戦略は，一年を通して顧客に多種多様な製品を供給し続けることである．店舗は，顧客にとってファッションの最先端の衣料品を見つけ出せる空間であり，より重要なことは，すべての商品が限られた数量しか置かれていないことである．顧客が自分と同じ服を着ている人たちと日常的に出くわして嫌な気持ちにならないようにするという配慮から，各店舗の適正在庫はアイテムごとに3-5枚程度で極力低く抑えられている．その結果，閉店時間近くなると空になった商品棚を見つけることができるほどである．つまり，本社が新たにデザインした商品を切れ目なく供給し続けなければ，店舗そのものが成り立たない仕組みになっている．このことは，本社と店舗の担当者が日常のオペレーションのなかで，相互牽制の風土という緊張感を生み出している．

② 商品開発力でトレンドを生む

ZARAは，最新のトレンドアイテムを供給するために，そのデザインから原材料の調達，生産，物流といったサプライチェーン全体に，本社は強いコミットメント（commitment）力を行使している．本社には，年間4万モデルのデザインをおこなう約350名のデザイナー（日本人デザイナー6名在籍）を中心に市場動向を調査するマーケター（marketer），バイヤー（buyer）からなる約640名の「コマーシャル・チーム」を編成している．このコマーシャル・チームは，平均12名単位で構成され，社内に84チームが存在し，アメーバ経営[3]（Amoeba Management）のように独立採算制で業績評価されるシステムにより，チーム間の競争原理が働くようにエッジを効かせている．また，同業他社と違い，次シーズンのデザインと並行して，すでに市場に出回っている現行シーズンの製品

手直しも頻繁におこなう．デザイナーは，特に活発に仕事をおこなうことが求められるが，あえてトップデザイナーを養成せず，平均年齢28歳ときわめて若い人材でチーム組織に組み込まれている．彼らは，繁華街のタウンウォッチングやクラブ，大学キャンパスへ自ら足を運び，市場調査をおこなう．また，パリコレクション，ミラノコレクションなどでおこなわれるファッションショーにも積極的に出席し，世界中から取り寄せられた多くのファッション雑誌からもトレンドに関する情報を貪欲に吸収する．そして，世界中の店舗から送られてくる顧客の情報からも積極的に企画するデザインとすり合わせ，商品化へと絞り込んでいく．レディス用，メンズ用，キッズ用のデザイナーは，INDITEX本社に隣接する近代的でモダンなオフィスビルの別々の大きなホールにデスクを持っている．それぞれの仕事場は開放されたスペースとなっており，床から天井まで3.5メートル以上もある総ガラス張りで明るく，そしてゆったりとした田園風景に囲まれたロハス（lohas）なオフィス環境空間が与えられている．この仕事場では，デザイナー集団のスペース，真ん中のスペースにはマーケター集団，別の一角にあるスペースにはバイヤー集団と区分された配置が施されている．さらに中心部には大きな円形デスクがいくつも置かれ，そこではいつでも自由に好きな時に製品開発に関する議論が開けるように常にオープンスペースとなっている．加えて，勤務体系はフレックス制（flextime system）が採用され，ファッションの新製品開発という創作活動には申し分のない条件が与えられている．

　デザイン企画の作業工程は，先ずデザイナーが手書きでラフデザインのスケッチ画を提案し，市場動向調査担当であるマーケターと資材生産担当のバイヤーを交えて，さまざまな角度から議論する．すべてのチーム単位は，このプロセスを経ることになり，ZARAの製品群に一定のスタイリングを維持することに役立っている．次に，テキスタイルデザイナーがリードするかたちで使用する生地の波紋や色合いなどの調整をしたうえで，コンピューターグラフィックスを使い具体的なデザイン像を描き直す．そして，その製品が利益を生み出せるかどうかの営業的な判断が必要となり，議論の中心はマーケターとバイヤ

一へ移行する．それをクリアすると，次に同じフロアで待機する熟練の職人による手作業のサンプル製作となる．もし，製作過程で質問や問題点が発生した場合，職人は同じフロアにいる担当デザイナーのデスクへ行き，即断即決でサンプルの問題解決を図ることができる．そして，完成したサンプルを幾度もチェックと修正をおこない，本生産への段階に進むことになる．マーケターは，それぞれの担当する複数の店舗との情報交換について責任を負っている．彼らは，SMG経験価値を有しており，担当する店舗といかに緊密で信頼関係を築くことが大きな業務の一つである．基本的には本社に居ながら電話やメールで店舗と頻繁に連絡を取り，売上や在庫状況，店舗の受発注状況，新商品の販売動向，その他店舗運営に関連するすべての事項を日々話し合うことになる．こうしたコミュニケーションをより業績成果に結びつけるため，詳細に分析された本社の各種データを簡単に店舗と情報交換するコンテンツとして，高機能のモバイルパソコンを支給されている．このように，「どの製品を，どのタイミングで，どのくらいの数量を生産するのか」は，デザイナー，マーケターそしてバイヤーが一体となって決定する．一旦決まると，原材料調達から生産，物流調整までのすべての工程管理をバイヤーが責任を負うことになる．

③ ビジネスの根幹はサプライチェーン

ZARAは，全体の約50％の製品をスペイン国内にある22カ所（18カ所は本社ラコルーニャ近郊）の自社工場で生産している．しかし，縫製工程については，ほとんどを協力会社に発注している．また，自社工場はシングルシフトで稼働しており，独立したプロフィットセンター（profit center）としての役割を担っている．残りの50％の製品は，世界中の約400社ある外部サプライヤーに生産委託している．そのうち70％は，ヨーロッパと北アフリカに集中し，残りはアジアにある．ヨーロッパにあるサプライヤーの多くは，スペインとポルトガルという比較的近距離の場所に拠点を構えている．拠点までの距離が近いというメリットを活かして，最新の流行商品をQRで生産させている．他方，リードタイムの長くかかるアジアのサプライヤーからは，生産スケジュールがあらかじ

め決まっている定番商品を中心に発注している．バイヤーは，製品化する商品をどのサプライヤーへ発注するかの権限を持ち，その決定を下すための重要な判断基準は，生産のスピードとコスト，それに十分な生産能力があるかである．もし，バイヤーがZARAの自社工場に発注すると仮定して，納得のいく価格やリードタイム，品質が望めないと判断すれば，自由に外部のサプライヤーを使う権限も与えられている．自社内で生産するときは，調達する繊維資材の40％をグループ企業であるCOMUDEAL社から仕入れることになる．同社の年間売上高の約90％は，ZARAとの取引であり，仕入れる繊維資材の半分以上は，BENETTONの特徴的なビジネスモデルである，色を染める前（生成）の状態で購入し，シーズン期中で売れ筋の色を素早く染め変える（後染工法）ことで在庫リスクを回避している．このように迅速に色を変えるように染織専門のグループ企業FABURICOLLOR社という会社を設立し，お互いに連絡を密に情報共有している．同社のZARAとの取引は，年間売上高の約20％となっている．残りの繊維資材は，約260社のサプライヤーから順次購入している．バイヤーは，特定のサプライヤーに依存し過ぎないようにという配慮とともにサプライヤー同士の競争を喚起する目的を持って，いずれのサプライヤーとの取引も総取引の4％を超えないようにされている．生産段階では，ZARA社内のCAD（コンピューターによる型紙設計）を使い素材を裁断し，協力会社が縫製をおこなう．サプライヤーは，裁断された生地と釦などの付属品を指定された工場まで自ら引き取りに行かなければならない．ラコルーニャには，約500社の縫製専門の緊密な関係の協力会社があり，そのほとんどがZARAだけの仕事をおこなっている．ZARAは，契約書通りに品質の維持や労働法の遵守，そして生産スケジュールに間に合っているかどうかを確かめるため，常に業務を注意深くチェックしている．縫製を終えた協力会社は，受取った工場に縫製済みの製品を運び込み，製品はアイロンでプレスされ，最終的に企画に合っているどうかのチェックとして検品されることになる．こうして完成した製品は，商品ラベルや袋に詰められ，世界有数の規模を誇る大型物流センターへと移送される．ラコルーニャにある工場と物流センターの間には，空気圧を利用する

輸送管が設置され，製品はこの輸送管で物流センターへ運び込まれる．このような製品については，抜き取り検査の方法にて品質管理をおこなっている．すべての製品は，ラコルーニャにある大型物流センターを通過することになる．この物流センターは，床面積5万m^2で最新のオートメーション機能を備えており，物流機器の多くはデンマークのサプライヤーの協力を得ながらZARAとINDITEX社の社員が独自に開発したものである．約1200人が働く物流センターは，1週間で5日間稼働しているが，実際にはその週に出荷される製品の量により作業従事者の人数が決定される．製品が到着してから約8時間で，世界各店舗の注文すべてのピッキングからパッキング作業が可能であり，ハンガー輸送が必要な製品はラックに掛けられて発送準備が整えられる．このラコルーニャにある物流センターに加えて，季節が逆転する南半球の在庫を調整するため，ブラジル，アルゼンチンとメキシコにも物流倉庫を保有している．2010年には，1年間でこの物流センターから2億3000万ピースの製品を出荷した．このうち75％の製品はヨーロッパ域内の店舗に向けて配送された．ZARAは，毎年35万SKU[4]の新商品を投入する（1年間で約1万アイテムの新モデル出し，各5－6色と5－7サイズがあるため）．契約している輸送会社は，ラコルーニャでZARAのロゴが入ったトラックに製品を積み込み，ヨーロッパ各国の店舗へと直送される．すべての輸送車は，公共バスのように細かく管理された時刻表のようなタイムテーブルで運行され，ロスのないように細心の注意が払われている．たとえば，アムステルダムの店舗からのオーダーは，午前6時の輸送車に積み込み納品される．そして，納品後に帰り便としてロッテルダム港で中国から出荷された製品を受取り，ラコルーニャの物流センターに戻ることになる．エアー便（DHL）で出荷する製品については，ラコルーニャ空港かサンティアゴ空港を利用する．通常の場合，ヨーロッパ全域の店舗であれば発注から24時間以内に製品を受け取ることが可能である．米国であれば48時間，日本なら48－72時間で確実に店舗へ届けられる．このように発注から納品までの短いリードタイムこそが適正在庫高を維持するため，もっとも重要な事柄である．さらに，同業他社と違って，ZARAの物流には誤出荷や荷痛みがほとんどない．

その精度は98.9％であり，シュリンケージ（shrinkage）[5]も0.5％未満に過ぎない高い精度を誇っている．

　店舗の在庫管理は，毎週2回の発注をおこない，同じく毎週2回の納品が基本的な作業となっている．SCM全体の流れの効率化を図るため，いつも決められた時間までに発注をおこなわなければならない掟というほどの厳格なルールがある．同じ商品が2週間以上店舗に留まらないようにシーズン前の店頭在庫は極力抑えられている．そして，シーズンインしてから売れ筋を見極めながら，迅速に商品を次々と店頭へ投入していく．これはシーズン前にあらかじ生産量を決めようとするアパレル業界の慣習とは，まったく逆パターンである．一般的にアパレル業界平均では，シーズン前の店頭在庫は，シーズン予算の45－60％に相当する商品在庫を持つことが多い．しかし，ZARAでは，15－30％と常に業界平均の半分以下である．そしてシーズンインと同時に次々と新製品が投入され，常にリピート顧客を店内へ呼び込むこととなる．実際にリピート顧客比率が70％以上（業界平均38％）もあり，SCMが正確な需要予測と店舗からの売れ筋情報をもとに，市場の変化に俊敏に対応できている証拠といえよう．店舗では，このように新製品が次々と納品されながら顧客満足を獲得し売れていく．一度売り切れた人気アイテムの多くは再び補給されることはないことを顧客もよく知っているため，すぐに買おうとする購買意欲を沸き立たせるビジネスモデルである．こうしたすべての事柄が同業他社と比べて在庫を低く抑えていることに繋がっているのである．このためシーズン終わりのバーゲンでは，売れ残りの総量が少ない要因にもなっている．アパレル業界平均では，バーゲンのディスカウント分を加えると，すべての商品を正規価格で販売したとしても，実際の収入は60－70％にとどまる．ところがZARAの場合では，85％にまで上がり，このビジネスモデルこそが高収益の源泉になっていることが理解できる．

(3) ZARA の競争優位の源泉

① サプライチェーンの仕組み

前述したように，ZARA の強みは，サプライチェーンの仕組みである．シーズンイン後，期中に追加生産をおこなわず，多くのアイテム商品を企画・生産し，次々と迅速に店頭へ投入することを中心とした，いわゆる「売切り御免」型のビジネスを展開しているという大きな特徴がある．アパレル業界では春夏・秋冬の2回のシーズンごとにそれぞれコレクションを企画し，その中からできるだけ多くの販売商品を決定し，シーズン入りと同時に大量に投入し，シーズン中の販売動向を睨みつつ，その中から売れ筋の商品を分析し，さらに追加生産（SPA 型）して店頭へ投入するという方法が一般的である．ZARA の場合も基本的には同様のモデルであるものの，シーズン開始時に投入する商品比率が低く，その時々のトレンドを的確に捉えて，旬のトレンドの商品を店舗へ投入していく．そして，一つの商品の投入量は極力抑えながら，店頭での売れ残りを最小化すると同時に，常に新しい商品が店頭を賑わして新鮮なイメージを消費者に与えることを実現している．そのためには，多品種少ロットの商品をジャストタイミングで企画・生産し，世界各国の店舗にまで配送する能力が重要である．ZARA では，材料調達から生産，物流，小売までの SCM の至るところに工夫が散りばめられ，競争優位のメカニズムを形成している．

ZARA は，自社工場を保有し，稼働率に余裕を持たせることによって，急な企画変更や追加生産にも QR で対応できる体制を採っているが，現在では大手のアパレルメーカーで自社工場を保有することは極めて珍しい．また，本社工場横には，世界有数の大型物流センター保有し，すべての完成された商品は，一旦同センターに集積され，ここから世界各地の店舗へと出荷されている．商品配送には，陸海空のあらゆる輸送方法でおこなっているが，特に遠隔地への出荷には，ほとんどが契約した専用航空機（エアー便 DHL）が使用されている．また，生地の調達から裁断，縫製，検品，ピッキング，ハンギング，梱包から出荷に至るまで，多くの協力企業や関連企業の工場と自社工場・物流センターが情報を共有しながら，緊密に連携してオペレーションされている．一部の商

品は，ヨーロッパ圏であれば最短で生産を始めて1週間程度で店頭に商品を並べることが可能となっている．こうした仕組みが，短サイクルで多品種少ロット，かつタイムリーな商品づくりを可能にしているのである．

　② シンプルで意思決定の早い組織（コマーシャル・チーム）

　ZARA は，レディス，メンズ，キッズの3つのカテゴリーで組織が分かれており，それぞれにブランドの責任者，本社組織，ストア・マネジャー（SMG）が存在している．店舗では同一店舗に3つのカテゴリーの商品が展開されているものの，本社ではこれら3つのカテゴリーはそれぞれ独立して運営されている．各カテゴリーの組織体制は非常に単純明快である．階層としては，ブランドマネジャー（統括責任者），本社ブランドコマーシャル・チーム，店舗運営の3つのみである．本社の主要な組織であるコマーシャル・チームは，商品のデザインを担当する企画部門のデザイナー，エリアや各国の市場調査や店頭情報そしてプライシングをおこなうマーケター，原材料調達，生産，物流を担当するバイヤーでチームを構成している．デザイナーは，コレクションや新製品を企画すると同時に，マーケターは各国の詳細な市場調査や情報を勘案したマーチャンダイジング計画やプライシングをおこなう．各国の消費者ニーズやトレンド，競合店舗の状況を毎日担当しているエリアや国の SMG とのコミュニケーションを取りながら，さまざまな情報を吸い上げて，最新データとしてインプットし，最終的な商品企画，マーチャンダイジング計画，価格などを決定していく．商品化が決まった企画案については，実際に商品化のための担当者バイヤーがコミットしはじめる．企画部門に隣接したエリアにいるパタンナーが CAD などの最新機器を併用しながらパターンに落とし込み，即座に縫製の熟練工によりサンプリングをおこない，そのデータがバイヤーから生産を担当する工場へリアルタイムで指図書として送られ，生産に入ることになる．

　一方，本社組織の主要カテゴリーごとに一つのフロアに集結している．しかも，海外企業にありがちなブースを主体としたオフィスレイアウトではなく，従来からの日本企業のような「島」を並べたレイアウトになっており，隣の人との

間仕切りもない．その結果，比較的シンプルな組織体制であることと相まって，極めてコミュニケーションがよい社内風土が形成されている．フロアの中心部にはミーティングスペースがあり，次のコレクションの製品開発やさまざまな情報交換などが自由に議論されている．また，意思決定が必要な場合には，召集がかかり，即座に関係部門の担当者全員が集まり，その場で意思決定することができる．このように迅速かつ密度の濃いコミュニケーションにより，的確でスピード感ある意思決定が可能となり，変化の早いアパレル業界において卓越した商品開発のパフォーマンスを実現させる大きな競争優位の源泉となっているといえる．

③ 強固な現場力

もう一つ，ZARA が極めて現場を重視して運営されているという点である．現場重視の姿勢はいたるところに垣間見ることができる．たとえば，企画部門には約350名以上のデザイナーが勤務しているが，彼らは世界各国へ頻繁に出張を重ねることが重要な仕事である．いわゆるパリ，ミラノやニューヨークなどの国際的なコレクションはもちろんだが，それ以外にも世界各地の主要都市の繁華街，大学キャンパス，主要なターゲットである若者が多く集まる娯楽施設（クラブ，コンサート会場等）を自らの目でウォッチングし，その瞬間のトレンドがどうなっていて，どのような製品が市場で望まれているのかということを肌感覚で感じ取っている．そして自身の五感で感じ取ってきた市場のトレンドを商品デザインに活かしている．一方で，ZARA は世界77カ国に展開するグローバルブランドでもある．350人を超すとはいえ，デザイナーが外から持ち帰ってくる情報だけではとても各国・エリアのローカルな市場特性には対応しきれない．そこで重要な役割を果たしているのが，本社にいるマーケターである．マーケターは，それぞれ担当する国やエリアを持っており，自分の担当する店舗の SMG や販売員と毎日のようにコミュニケーションを取っている．店舗からは，店頭商品の販売動向，来店客動向，来店客のファッション，商品に対するクレーム，周辺競合店や街の状況等を日々マーケターに伝達している．そし

て，単に市場動向を伝達するのみならず，顧客ニーズに即した商品提案までおこなうことも少なくない．一方で，マーケターはリアルタイムで各店舗の詳細な販売動向を見ることができ，数字のアップダウンの要因等についてSMGに詳しく確認することが可能である．マーケターを通して，世界各地に存在する店舗現場にいける生の情報が絶え間なく本社に流れる仕組みを構築しているのである．このように，それぞれの部門がそれぞれの方法で市場状況や現場感覚をグローバルレベルで本社に集約し，チーム単位でそれらの情報に基づき事業が運営されている．商品のデザインやマーチャンダイジング，コレクション，プライシング，店頭の陳列方法（VMD）など，すべてはこうして集約された現場の情報により議論され，決定されている．そして，本社の各担当者もこうした現場からの情報やトレンド動向が大切であることを全員が共有している．この現場重視の姿勢やそれを実現する現場力こそが，ZARAの躍進を支えている大きな要素であることは間違いない．たとえば，日本の店舗では，開店前に朝礼がおこなわれることが慣習となっている．ZARAは，朝礼が店舗スタッフのモチベーション向上や店頭オペレーションの強化につながると考え，本社での議論となり，導入を決定した．現在では，朝礼を「Nippon Meeting」と名付けて，全社をあげての重要な取り組みの一つとして全店舗で実施されている．このように，新たな取り組みや考え方を導入し，即座にグローバルに展開することも特徴といえる．

④ 多国籍企業化への取り組み

店舗を展開する現地において現地人スタッフを中心に運営することは当然だが，本社に限っても32カ国もの人々が働いている．その中には，もちろん日本人も含まれている．彼らは，本社の各部門に配属され，デザイナー，マーケター，バイヤーのいずれもが多国籍な社員によって構成されている．そして，彼らにはZARAがスペインの企業であるという意識はまったくなく，スペイン的な文化や風土，価値観は見受けられない．あくまでも世界で事業展開するグローバル企業であるという共通認識が強く，社員の行動基準や規範や判断基準

は，すべてこの認識に依拠する．そして，彼らは ZARA というブランドを世界中の消費者に満足してもらえるブランドへと発展させる目的意識が定置されている．本社の社員は，一般公募でも採用されることがあるが，営業部門等の製品開発に関する人材は，各国の優秀な店舗スタッフ経験者の中から選抜し，現場をよく知る社員を配置している．その際に国籍は関係なく，あくまで店舗スタッフとして予算達成に対する成果や働きがあったか，商品提案力や市場を把握する力など抜きん出た能力があるかどうかといった点が判断基準となる．こうした点に，先に述べた現場重視の姿勢が貫かれているといえる．このようにグローバルレベルで国籍に関係なく優秀な人材を活用できていること，そしてスペイン的な価値観や意識に囚われず，企業のミッションやビジョンが社員の中心に捉えられていること．そのことが，ZARA の現場力を高め，グローバルに事業展開する大きな成功のカギの一つである．

むすびに

　ZARA のグローバル企業としての驚異的な成長の背景にある，その競争優位の源泉について議論してきた．もちろん，ここまでに述べてきたことが ZARA の強さのすべてではないが，日本の企業にとって，今後の成長やグローバル化のさらなる進展を考える上で，興味深く示唆に富んだ事例ではないだろうか．真にグローバルで成功するためには，国籍に関係なく自社の事業展開に貢献できる能力を持った人材を最大限活用し，風通しのいいコミュニケーションから個々人の能力を発揮できる環境を整えることが重要である．また，自国の文化や価値観に依拠した議論や意思決定を排し，あくまでも企業としてのミッション，ビジョン，そして統一された価値観を前提に多様な国籍の人々が自由に意見を交わす状況を構築することも大切である．

　また，進出国の市場におけるローカルな事情や現状，多様で複雑な消費者ニーズを現場に出向いて，たゆまなく吸収し，グローバルな事業運営に活かして

いくことも欠かせない条件であろう．

　現状の日本企業においては，間違ったガバナンスが作用し，各国の現場で市場環境を十分に把握せず本社で方針を一元的に決定し，その結果として求めるパフォーマンスを生んでいないケースもいまだ少なくない．もしくは，本社が十分な役割を果たすことができず，現地任せの運営になっていることも多い．そして，海外の現地の人々の能力を最大限に活用できているかとなると，できている企業は依然ほんの一握りではないだろうか．国籍に関係なく，能力やヤル気のある人材を登用し，その力を最大限活用できている企業は少ないといえよう．また，本社と海外の現地法人や現地オフィスとのコミュニケーション，部門間のコミュニケーションが円滑ではなく，情報の共有や意思決定に支障をきたしている事例も散見される．そもそも，多くの日本企業においては，グローバル企業，グローバル化ということが声高に叫ばれているものの，実体は日本人が社内の主要ポストを占め，日本人的な感覚で事業運営に終始しており，ZARAのように本当の意味でのグローバル企業を体現化した企業は極めて少ないのではないだろうか．今後，日本市場の現状から推察すれば，大きく成長を見込むことが難しいことは誰もが理解している．さらなる成長を探求するためには，日本企業にとってグローバルで成功すること，真のグローバル化を実現することは緊急の課題である．そのためにも，日本企業という殻を破り，世界中の能力を活用して現場力を高め，風通しのよい組織を実現し，ZARAに比肩するような真のグローバル企業を真摯に目指すべきであろう．

　最後に，ZARAを基幹ブランドとしてINDITEX社は，世界市場で7013店舗を運営し，今後さらに新興国を中心に出店ペースをあげる戦略をおこなっている．約90％以上の出店計画がスペイン本国以外の国々である．特に，中国，日本などからベトナムやマレーシア，タイ，カンボジアなどアジア地域を拡張させた出店施策を公式に発表している．また，ZARAに続くブランドとして，Bershkaを東京渋谷に旗艦店を出店させたが，今後は中国での多店舗化をおこなう計画である．そのほとんどが直営店舗であるが，資金調達も含め，ファンドとのジョイントベンチャー（以下JV）やフランチャイズ（以下FC）方式を採

表 4-3　グローバルな多国籍企業を実現するための要件

① 国籍を問わず，能力ある人材を最大限に活用する．
② グローバルレベルで"現場力"を高める．
　　　現地の生の情報，肌感覚を大切にする．
③ 組織やエリアを超えた，風通しのよいコミュニケーションの実現．
④ 出来る限りシンプルな組織，意思決定のメカニズム．
⑤ 自国の価値観，感覚に囚われず，企業として明確なビジョン，ミッションを持ち，すべての社員が共有する．

出所）筆者作成．

るという．もちろん，JV や FC 方式で店舗を増やしていくメリットは，すでにアパレル業界では十分に認識されている．その先駆けは，筆者もコミットしている BENETTON である．2004年には，122カ国に約5500店舗の FC を持ち，革新的なファッション業界のサプライチェーンを構築し，成功を収めている企業である．FC 方式の最大のメリットは，容易に海外へ店舗を増やすことができ，財務上のリスク負担が少ないことである．遠く離れた店舗のさまざまな運営を直営店のように事細かくフォローする必要もない．なぜならば，ZARA と違って BENETTON は，FC の在庫を自社保有とせず，FC が契約上で負担しているからである．もし，ZARA が今後も海外店舗を増やし続けるならば，BENETTON のような FC 方式を果たして採用するようになるのだろうか．もし ZARA が FC 方式を採用すれば，これまで同業他社との差別化に成功する要因となってきた強固なサプライチェーンの仕組み自体にどのような影響を与えることになるのであろうか．今後，INDITEX 社の次なる経営戦略とそのビジネスモデルのわずかな変化を察知し，分析することが筆者の研究課題となる．

注
1 ）リストラクチャリング（restructuring）
　　企業が収益構造の改善を図るために，事業を再構築すること．具体的には，成長戦略を実現するために買収等による事業規模拡大をおこなう．あるいは，不採算部門を売却や人員削減等の縮小をおこない，経営資源の選択と集中を実現すること等を意味する．事業の強化を図るため，業務や商品構成の改善を図る「業務リストラ」と財務体質の改善を図る「財務リストラ」がある．本文中では，「業務リストラ」を捉えている．
2 ）QR（Quick Response）

サプライチェーンを効率化するため，アパレル業界で取られている経営戦略．1980年代，米国アパレル業界で最初に導入された．QRでは，消費者ニーズに迅速に対応するため，アパレルメーカーや縫製業者，小売業者などが協力し，生産・販売を効率化した．企業間の信頼関係が重要であり，EDIを通じた情報共有，POSデータを活用した適時適量生産，実需に基づいた電子受発注（EOS）等がおこなわれている．従来，物流センターでの在庫が多かった米国では，商品をほかんすることなく，店舗別に仕分けて配送するクロスドッキング方式を採用されるケースが多い．日本では，このクロスドッキング方式が浸透されるまでには至っていない．

3）アメーバ経営（Amoeba Management）

京セラ創業者の稲盛和夫氏が考案した経営手法である．部や課の社員を6‐7人の「アメーバ」と呼ばれる，小集団に細分化し，アメーバごとの独立採算制をとる．各アメーバは「（売上－経費）÷労働時間」で算出される「時間当たり採算」を最大にすることを目標に事業活動にあたる．組織を少人数にすることで，全員が当事者意識を持って従事するようになることを目的とする．また，アメーバごとに「時間当たり採算」という具体的な数値目標があるため，組織間の競争意識が芽生えるようになるなどのメリットがあげられる．しかし，会社全体ではなくアメーバのみの利益を追求してしまう恐れがあり「時間当たり採算」を適正に算出することが難しくなるというデメリットも指摘されている．

4）SKU（Stock Keeping Unit）

流通業において，最終小売などの販売・商品提供の現場で商品の実売量や在庫を管理する際に用いられる商品識別の最小単位のこと．SKUは企業の在庫管理の仕組み（システム）によって異なり，必要に応じて個別に定義される．小売業の現場，特に大規模小売では膨大な数量の商品を取り扱っているが，これらを欠品しないように管理することが求められる．店頭で商品が欠品するか否かは，販売ペースと手持ち在庫量（stock），商品在庫補充ペースの相互関係によって決まる．在庫はあればあるほど欠品リスクは小さくなるが，売れ残りリスクが大きくなるため，欠品が起きない範囲でできる限り少ないことが望ましい．商品補充のサイクルに制限があるとすると，販売ペース（商品がさばけるペース）に合わせて安全在庫としての手持ち在庫量を設定することになる．これがSKUである．

5）シュリンケージ（shrinkage）

輸送中に起こる紛失や損傷，盗難などによる物流上のロスのことである．

第5章

新興アパレル企業にみる
新たなブランディング戦略

はじめに

　近年，われわれを取り巻く多種多様な生活環境下で，情報通信技術（Information Technology）のイノベーションともいえるほど高度化された技術革新の進展が顕著である．そして，経済のグローバル化やボーダレスな規制緩和などにより企業間競争の環境は，今まで以上に不確実性が増している．とりわけ，企業にとって，現代社会でもっとも身近なコンテンツともいわれるコンピューターやスマートフォン（多種機能携帯電話）等のインターネット技術を利用せずして，情報メディア時代といわれるなかでビジネスを伸ばすことは不可能に近いといえる．デジタル化の波は例外なく，あらゆる産業に及んでいる．これは決して大企業だけの問題ではなく，中小企業や零細企業にも当然のことながら当てはまることになる．

　2000年代に入り，企業は本格的なインターネットの商用化への取り組みを始めることになった．高速デジタルアクセス回線 ADSL（Asymmetric Digital Subscriber Line）[1]や光ファイバー（optical fiber）[2]が急速に普及し，企業は事業システムへの組み込み化を一層推進させることになった．対内的には業務の効率化や情報共有のための社内インフラ基盤システムを構築し，対外的には，企業案内や自社製品紹介などの情報提供を目的としたホームページを制作し，自ら発信

することから生まれるブランド力向上のためのツールとして考えた．しかしながら，このような事業システム構築には多額の投資が必要であり，中小企業や零細企業には躊躇せざるをえなかったことは現在でも変わりはない．

そもそもインターネットがビジネスツールとして着目されたのは，2000年代前半にその有効性について，多くの識者によって議論され始めたころである．議論は，次の2点があげられる．概ねインターネットこそが有効性として，①既存ビジネスそのものを代替えするものである（Tapscott, Ticoll and Lowy 2000, Zettelmeyer 2000），②既存ビジネスをあくまでも補完するものである（Porter 2001），とするものであった．この代替か補完かという議論は，「クリック＆モルタル[3]（click and mortar）」という概念が確立され，収束することになった．つまり，リアルなビジネスとインターネット技術をいかに効果的に組み合わせるかという補完的な意味合いとなったのである（Gulati and Garino 2000, Hanson 2000, Bahn and Fischer 2003, Steinfield 2005）．

しかし，2000年代後半から米国を中心としてパソコンやインターネットなどを利用できる人とできない人の間に生じる格差（新たな格差）を示すデジタルデバイド[4]（digital divide）という論点が注目されることになった（Bauerlein 2011）．これは個人間のみならず企業間の格差にも大きく影響を与えている事実を示唆する考え方である．つまり，インターネット技術を積極的に事業システムとして組み込む企業とそうでない企業とでは，結果的に企業業績に大きく反映されているケースが顕著であるからである．さらにその結果，客観的な企業価値の評価ともいえる市場における企業株価に大きな影響を与えることにもなる．いいかえれば，インターネット技術がもたらすさまざまなデジタル化の急速な進展に適応させることこそが，現代社会で企業が勝ち残る必要条件といっても過言ではないという指摘である．経営者は，常にこのデジタル化の最新技術に注視しながら，自らの意識改革とデジタル社会にふさわしい企業変革を継続させることが企業規模に関係なく不可避な時代となっている．

そして，ファッションビジネスにおいてもインターネット技術を駆使したネットビジネスを手掛けるブランドは珍しくない時代となった．日本においては，

2004年ファッションに特化したオンラインショッピングモールの運営を手掛けたゾゾタウン(ZOZOTOWN)が急成長し，2007年東証マザーズ，2012年2月にはわずか7年で東証一部に上場し，注目を浴びることになった．当時を振り返ると1990年代からワールド，オンワード樫山や三陽商会など大手アパレル企業がいち早く自社のホームページ上に電子商取引のeコマース（Electronic Commerce: 以下EC）を手掛けていたが，成功しているようなサイトは皆無であった．その後，楽天市場やヤフーのオンラインモール，そしてZOZOTOWNの成功により，ファッションビジネスは一気にECやWEBなどインターネットの商用化とデジタルプロモーションの重要性に着目するようになっている．

本章では，アパレル業界において，CGデザインのベンチャー型企業からファッションビジネスへ異業種参入し，驚くようなスピードで急成長している株式会社マッシュスタイルラボを事例対象にしている．急成長の要因である，こだわりのモノづくりとインターネット技術を基盤とした巧みなブランディング戦略をとおして，発見されるインプリケーションから，今後の新たなビジネスモデルの方向性や競争優位性（competitive advantage）を示唆することを目的とする．

5-1　日本におけるEC市場の現状

総務省によると，2014年度自宅などでインターネットを利用している人口普及率は実に82.8%（図5-1）に達している．2000年が37.1%であったことを考えると15年間に急速に普及したことが理解できる．また，20-49歳の年代階層では，95%が何らかの形でインターネットを利用していると発表された．いよいよ国民総情報ネットワーク化社会の到来であり，ある意味ではデジタル漬けの時代をわれわれは生きていくことになったと認識しなければならない．

ECとは，経済産業省の定義によると「商取引（経済主体間での財の商業的移転にかかわる，受発注者間の物品やサービス，情報，金銭の交換）をインターネット技術

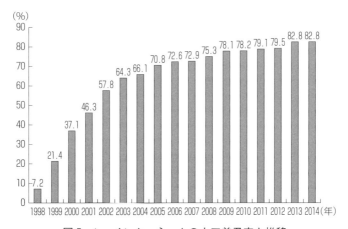

図5-1　インターネットの人口普及率も推移
出所）総務省「2014年度通信利用動向調査」を参考に筆者作成．

を利用した電子的媒体をとおしておこなう＝電子商取引」ことである．ECは事業主体の関係性から，① 企業間の取引「BtoB」（Business to Business），② 企業・消費者間の取引「BtoC」（Business to Consumer），③ 消費者間の取引「CtoC」（Consumer to Consumer），の3つに区分される．本節では，BtoB（企業対企業）と BtoC（企業対消費者）という2つの類型について考察をおこなう．

　2014年の EC 市場に関する経済産業省の調査結果によれば，日本国内における BtoC が前年比14.6％増の12兆7970億円で，(A)物販系分野，(B)サービス分野，(C)デジタル分野，の3区分に分けられる（表5-1）．一方，インターネットを介した電子商取引に限定した狭義の BtoB 市場規模は前年比28.6％増の196兆円となり，順調に取引が市場へ浸透している状況が続き，今後一層増加することが推察される．また，日本と米国，中国の三カ国間の消費者向け越境 EC 市場の中では，中国の消費者による購入が最大となり，前年比も著しく大きなものとなっている．日本の消費者による米国および中国からの越境 EC に よる購入額は2086億円（前年比108.9％）となり，米国の消費者による日本および中国事業者からの越境 EC による購入額は8134億円（前年比113.0％），中国の消費者による日本および米国からの越境 EC による購入額は1兆2354億円（前

第 5 章　新興アパレル企業にみる新たなブランディング戦略　*109*

表 5-1　BtoC ― EC 市場規模および各分野の構成比率

		2013年	2014年	伸び率
A	物販系分野	5兆9931億円	6兆8043億円	13.5%
B	サービス分野	4兆710億円	4兆4816億円	10.1%
C	デジタル分野	1兆1019億円	1兆5111億円	37.1%
総　計		11兆1660億円	12兆7970億円	14.6%

出所）2014年度電子取引（EC）市場に関する調査結果（経済産業省）．

表 5-2　物販系分野の BtoC ― EC 市場規模

分　類	2013年		2014年	
	市場規模 （億円）	EC 化率 （%）	市場規模 （億円）	EC 化率 （%）
食品・飲料・酒類	9,897	1.58	11,915	1.89
生活家電・AV 機器・ PC・周辺機器等	11,887	22.67	12,706	24.13
書籍・映像・音楽ソフト	7,850	16.51	8,969	19.59
化粧品・医薬品	4,088	3.80	4,415	4.18
雑貨・家具・インテリア	9,638	13.17	11,590	15.49
衣類・服飾雑貨	11,637	7.47	12,822	8.11
自動車・自動二輪車・ パーツ等	1,675	1.87	1,802	1.98
事務用品・文具類	1,354	23.30	1,599	28.12
その他	1,907	0.48	2,227	0.56
合　計	59,931	3.85	68,043	4.37

出所）2014年度電子取引（EC）市場に関する調査結果（経済産業省）．

年比153.0％）となっている．今後2018年には三カ国間の越境 EC 市場規模は最大で，現在の約2兆2000億円から倍の約4兆4000億円に達すると見込まれている．

　BtoC では，消費者との関係性が最も高い，小売・サービス業中心の物販系分野（表 5-2）を見てみよう．市場規模は，6兆8043億円（前年比13.5％）となり，EC の浸透を示す指標である EC 化率は実に同0.52ポイント上昇し，4.37％となった．スマートフォンの普及からますます利便性が高まり，増加基調が

続いている．

　特に小売業は，すべての業種が10 - 20%以上の規模拡大がある．特に，食品・飲料・酒類は前年比20.4%増の1兆1915億円，雑貨・家具・インテリアは前年比20.3%増の1兆1590億円と突出している．また，衣料・服飾雑貨などのファッション関連が同10.2%増の1兆2822億円と大きなECビジネスを形成している．この大きな要因は，ファッション関連商材を専門的に取り扱う「ZOZOTOWN」，「fashionwalker.com」の他にAmazonや楽天などの大手モールが参入し，さらにアパレル雑貨専門の「Stylife」，「MAGASEEK」などの新規通販モールの進展が電子ショッピングモールやモバイル専用通販サイトなどの好業績があげられる．BtoCは，ますます消費者の購買行動を喚起させる役目として重要なツールであることは間違いない．

5-2　ファッション業界のECビジネス

　ファッション業界では，今やECビジネスをおこなっていない企業がないといわれるほどインターネットは重要なコンテンツになっている．以前は，実際に見てもらわなければ商品はわからない，単に販路を広げて売上が伸びれば良いという考えから脱しきれず，EC戦略がブランドイメージに悪影響を与えかねないと，積極的に手を出そうとする企業は少なかった．実際に1990年代から大手企業を中心にECに着目し，実践している企業もあったが，ほとんどは失敗であった．その理由は，多くの企業が広告活動の一環として自社ホームページ上の通販サイトであり，制作も内製化せず，ECの専門制作会社へアウトソーシングしていたことが原因であった．つまり，サイトへの顧客ニーズや効果的な商品掲載の方法など，まったく考えていなかったのである．

　ところが2004年㈱スタートトゥディが運営するZOZOTOWNがおこなった，徹底した顧客のセグメント分析によって，トレンドを好む比較的若い女性顧客の囲い込み戦略の成功で，急成長したことに着目した．ここで，あらためて

EC効果の可能性と将来の市場価値が再認識されることになった．ZOZOTOWNの成功は，インターネット技術に競争優位をもつファッション専門のオンライン・ショッピングモールへの出店を加速させた．

しかしここ数年来，再び自社サイトへ顧客を誘導する重要性が高まっている．その理由は，明るい兆しが見えない展望なき経済環境と若年層の就労状況，そして休日は自宅で過ごして，少しこだわりとリッチにという「おこもり」現象によって消費者購買行動パターンが変化していることにある．いわゆる現代社会で問題となっている非正規社員やフリーターを中心としたサイレントな消費者と購買は自宅で24時間都合のよいときにインターネットでおこなうという新たな「おこもり」需要が高まっている．その「おこもり」需要により，近年アパレル各社のEC売上高比率が飛躍的に伸びている．加えて，ツイッター（Twitter）やフェイスブック（facebook），インスタグラム（Instagram）などSNS（social networking service）に代表されるソーシャルメディア（social media）の台頭が，さらに自社サイトの有効性を高めてきていると指摘できる．ソーシャルメディアはテキストベースのさまざまな情報をリツィートしたり，「いいね！」をクリックしたりしながら，無限大のコミュニケーションの輪を広げることが特徴である．そこで，自社サイトがその情報を発信する場として活用しているのである．

たとえば，大手下着メーカーのワコールでは，自社サイトとSNSとの連動性を常に意識して運用をおこなっている．2000年にカタログ販売の補完的機能としてECをスタートさせ，2003年にリアル店舗の商品紹介へシフト変更し，さらに2006年から本格的に主力ブランドの取り扱いを始めた．2010年からは，本格的に経営戦略の重点施策としてECオリジナル商品の企画開発販売をおこない，現在では売上高は約50億円に達するまでに成長した．特に，EC商品として開発した「小さくみせるブラ」を限定販売したところ，ツイッターで反響となり，瞬く間に噂が広まり大ヒット商品となった．そして，現在では「小さくみせるブラ」は同社の主力定番商品となった．つまり，マーケットインの商品開発にも利用していることになる．リアル店舗も含めた平均顧客層の年齢は，

40－50歳代が中心であるが，ECでは20歳代後半から30歳代前半が中心顧客となっている．さらに新規顧客率は63％でブランディング戦略にも大きく貢献している．また，リアル店舗にはないイレギュラーサイズ（AAA65－I100までの88サイズ）の販売もおこない，いままで店頭で購入してなかった新しい顧客の獲得に繋がっている．これは，ECビジネスをとおして情報収集と発信というマーケティングリサーチの効果的なツールとして成功したといえる．

また，オンワード樫山は，1995年ごろから本格的なホームページを開設し，ブランド紹介などのビジュアルを充実させながら，オンラインショッピングとしてECビジネスをスタートさせた．しかしながら，社内ではリアル（実）店舗の売り上げに影響があると社員からもビジネスとしての認識度が低かった．ゆえに，実際にはビジネスとしてほとんど成立はしておらず，あくまで顧客に対してブランドイメージの向上と新作の商品案内という目的であった．ところが，インターネットとモバイル携帯の急速な普及から，急遽2004年にWEBマーケティング室を設置して，より顧客にとって利便性のあるECの再構築をおこなった．2006年から2008年までのトライアル期間を経て，2009年保坂道宣常務取締役執行役員がEビジネス担当・宣伝担当・広報環境部長に就任し，本格的なECビジネスをスタートさせた．基本的なコンセプトは「ECは，リアル店舗と補完関係にある重要な販売チャネル」と位置づけし，顧客とダイレクトにコミュニケーションを図りながらリアル店舗への来店促進手法として，さまざまな店頭イベントへ誘導するという戦略が背景にある．ECサイトは単にバーチャル店舗でなく，そこで製品情報を確認してからリアル店舗へ誘導するツールという役割を担わせるという考えである．また，ECサイトでは24時間いつでもどこでもショッピングが可能であり，顧客の利便性というニーズに応えている．さらに保坂は，全国の顧客がアクセスできる，ECサイトこそが同社の主要ブランドのブランドミックス型のバーチャルフラッグショップと考えた．実際にECの購買リピート率は60％を超え，これまでリアル店舗で顧客と信頼関係を築いてきたブランド力とECの利便性とが合致した成果の一つといえる．ECサイトは，新商品の先行受注会を仕掛けて，顧客ニーズを探索する

リサーチツールとしての役割も担っている．さらに SNS と連動したメールマガジンをタイムリーに顧客へ送り届けることなどの連動性から，同社の EC ビジネスの売上高は2010年から毎年二桁の伸び率で成長し，リアル店舗への来店頻度も増加している．これらのケースは，現在ファッションビジネスで急速に伸長しているオムニチャネル戦略といえるであろう．

5-3　株式会社マッシュスタイルラボの事例

　本節では，現在アパレル業界で新たなビジネスモデルによって，成功している企業の一つである㈱マッシュスタイルラボを取り上げる．同社は，人気ファッションブランド「snidel（スナイデル）」や「gelato pique（ジェラート ピケ）」など8ブランドを展開し，国内外で急成長しているアパレル企業である．筆者が同社に注目した点は，① CG（computer graphic）アニメーション制作会社からファッション事業へ異業種参入して成功したこと，② 近年の市場収縮が顕著なファッション市場において，スタートからわずか10年間で業界有力企業へ急成長したこと，③ CG 事業の経験価値という強みを生かしたプロモーション

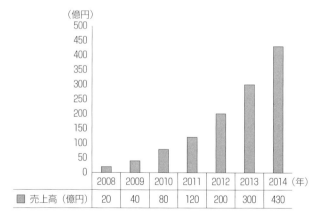

図5-2　マッシュホールグループの売上高実績の推移
出所）繊研新聞専門店売上高ランキングを参考に筆者作成．

表5-3　マッシュスタイルラボの沿革

平成10年 (1998)	建築デザイナーであった近藤広幸とエンジニアの畠山広文両名により，エンターテイメント市場向けにCGアニメーションの提供を目的とし，「スタジオ・マッシュ」を世田谷に設立する． 家庭用ゲームソフトの3DキャラクターやTV番組のオープニングCG，ミュージックプロモーションビデオ・企業広報用映像等の受注を開始する．
平成11年 (1999)	資本金1000万円で法人化し，株式会社マッシュスタイルラボとなる．
平成12年 (2000)	不動産広告用CG制作の本格的参入により，業務拡大をおこない，事務所を港区西麻布に移転する．さらに設備，スタッフの拡充を図る．
平成13年 (2001)	事業規模拡大につき，事務所を渋谷区東に移転する．
平成17年 (2005)	新規事業であるファッション事業部を新設する．レディースブランド「snidel」を立ち上げる．
平成18年 (2006)	規模拡大につき，本社機能及びCG事業本部を港区南麻布に移転する．
平成19年 (2007)	WEBサイト制作，ECサイト運営等をおこなうWEBプロモーション事業部を新設する．
平成20年 (2008)	2番目のブランドであるルームウェアブランド「gelato pique」を立ち上げる．
平成21年 (2009)	規模拡大につき，ファッション事業本部を港区青山へ移転する． 3番目のブランドであるレディースブランド「FRAY I. D」を立ち上げる．
平成22年 (2010)	「コスメキッチン」の運営をはじめ，オーガニック・ビューティー事業参入のため100%子会社の株式会社マッシュビューティーラボを設立する． 4番目のブランドであるレディースブランド「Lily Brown」を立ち上げる． 全グループオフィス統合のため，本社を渋谷区渋谷に移転．
平成23年 (2011)	mash style lab (Shanghai) Co., Ltd. (資本金8000万円)， mash style lab (Hong Kong) Co., Ltd. (資本金5390万円)， mash style lab (Taiwan) Co., Ltd. (資本金5240万円)， を独資にて設立する．海外直営店舗を展開し，本格的にアジア市場へ参入する． 株式会社マッシュスタイルラボの資本金を2500万円に増資．
平成24年 (2012)	店舗運営の一層の強化・充実のため関西支店・九州支店を開設する． mash style lab (Shanghai) Co., Ltd.の資本金を3億8000万円に増資．
平成25年 (2013)	mash style lab (Macau) Co., Ltd. を設立． MASH holdings設立により新経営体制に移行．各部門が得意分野に特化した株式会社となる．
平成26年 (2014)	グループ会社の株式会社マッシュライフラボのレディースブランド「fur fur」をリブランディングし，レディースブランド「FUR FUR」として再デビュー． 店舗運営の一層の強化・充実のため東海支店を開設する．

出所）㈱マッシュスタイルラボ会社概要資料から引用し，筆者が一部加工．

活動があげられ，これまでにない新しいビジネスモデルとして新規性があると考えたからである．同社の企業業績は，図5-2であり，時系列に成長する過程は，表5-3の沿革のとおりである．同社の企業理念は"私たちの発想を形にし，人々に幸せを届ける"を掲げ，商品をとおして新たな市場の開発と顧客満足の実現をめざしていると考える．

本事例では，その理念実現のために，愚直なまでのこだわりの商品づくりとデジタル化という時代環境に適合したプロモーション活動の組み合せが競争優位の形成に繋がるプロセスについて議論を展開する．

(1) CG アニメーション事業会社の設立

1998年東京世田谷でエンターテイメント市場向けCGアニメーションの提供を目的に「スタジオ・マッシュ」を近藤広幸・畠山博文の2人によって設立された．いわゆるベンチャー型企業といえるかもしれない．当初は，ソフト開発企業から家庭用ゲームソフトの3Dキャラクター制作の注文を受けながら事業をおこなっていた．

1999年には，"きめ細やかなスタイル（作品）の研究所"をめざし，株式会社マッシュスタイルラボとして法人化（表5-4：2016年4月最新版）し，業容拡大をめざし活発な営業活動（主に企画と営業は近藤が担当．技術開発は畠山が担当）を展開することになった．そして大手ゲーム会社からオファーがあり，某3Dキャラクターを開発したことが成功への出発点となった．その実績に伴なって，テレビ番組のオープニングCG製作の仕事がテレビ局から入り，高い評価を得ることになった．さらに，音楽業界（プロモーションビデオのCG），TVコマーシャル，音楽コンサートのCG効果などさまざまな仕事をおこなうことになった．

2000年には，大手不動産会社の超高層マンションのTVやホームページの広告用CGを受注し，おりからの高級マンションブームも重なり，業容はますます拡張し，業績も順調に成長していった．同社は，高い技術力と誠実なモノづくりの仕事ぶりから，多くのクライアントから信用を得ることになり，CG業界で同社は確固たるポジションを獲得した．その業容拡張のプロセスから，

表5-4 株式会社マッシュスタイルラボの会社概要（2016年4月）

【商号】	株式会社マッシュスタイルラボ mash style lab Co., Ltd., mash style lab (Hong Kong) Co., Ltd. mash style lab (Shanghai) Co., Ltd., mash style lab (Taiwan) Co., Ltd. mash style lab (Macau) Co., Ltd.
【本　社】	東京都千代田区
【支　店】	大阪，名古屋，福岡
【設　立】	平成11年11月11日（1999年）
【資本金】	2,500万円
【従業員数】	1,350名（2016年4月末現在）
【代表者】	代表取締役社長　近藤　広幸
【事業目的】	1．衣料・衣料雑貨・装飾品の企画，製造，仕入，販売及び輸出入 2．古物の買取り，販売 3．コンピューターグラフィックアニメーションの企画，制作 4．広告デザイン業 5．家庭用ゲームソフトウエアの企画，開発 6．キャラクターの企画，開発並びにデザインの販売 7．出版物の企画・編集・制作及び販売 8．インターネット等を通しての通信販売業務 9．マルチメディアコンテンツの企画・制作・編集及び販売 10．マーケティングリサーチ及び経営情報の調査，収集及び提供 11．コンピューターシステムに関するコンサルティング業務 12．コンピューターシステムの企画・開発・設計及び運用 13．各種イベント，催事の企画，運営及び管理 14．前各号に付帯する一切の業務

出所）㈱マッシュスタイルラボ会社概要資料より．

テレビ業界や音楽業界，出版社，TVコマーシャル・番組製作会社，不動産業界などにわたる強固な人脈というビジネスネットワークが構築されたことは間違いない．

（2）アパレル事業への異業種参入

2004年同社は，CGの内製化されたモノづくりへの強いこだわりによって成功してきたが，急激なオファー増加により社員は連日深夜まで仕事に追われていた．そして，遂に現状の業務体制では，オファーを断わるか，外部へアウトソーシングすることも考えなければならない状況に追い込まれた．近藤はこれ

まで同社の成長を支えてくれた，信頼で結ばれた多くのクライアントからのオファーに応えられなくなることに，強い危機感を抱くことになった．当然ながら，すべてのオファーに応えるためには，人員増も含めた体制の見直し，あるいは競争優位の源泉を勝ち得たこだわりの品質維持を重視し，オファーを断るべきかの苦渋の選択を迫られることなった．もともと近藤は，CG 制作をとおして，モノづくりというクリエイティブな仕事そのものに楽しみと魅力を見出してきた．CG 事業の成功から徐々に，自分の心の中に，人を喜ばせる新しいモノづくりのビジネスに挑戦したいという気持ちが芽生えていた．そのビジネスとは，以前から構想を抱いていたファッション事業への参入であった．近藤は全社員を集めて，同社の中長期的なビジョンと経営戦略について議論をおこなった．そして，CG 事業については，これ以上の過度な事業拡大をおこなわず，丁寧なモノづくりにこだわり，これまで通り内製化による高品質を維持すること．そして新たな事業構想であるファッション事業への異業種参入を決断した．

　近藤はファッション事業のスタートに際し，一切外部からアパレル経験者の人材は入れなかった．その理由は，一流のモノづくりを実現させるためには，ゼロからスタートする経験価値が長期的なマネジメントには極めて重要であると考えていたからである．あえて未経験の社内希望者を募り，試行錯誤を繰り返しながら 5 名のスタッフで事業を始めることになった．そして，年齢ターゲットを20歳から25歳としたレディスブランド「snidel」を立ち上げた．当初のビジネスモデルは，これまで構築してきた人的ネットワークを駆使しながら，モノづくりの根幹である企画やプロモーション部門はあくまで内製化し，生産部門に属する縫製関係は協力工場へアウトソーシングでおこなった．また，販売チャネルはオンラインショッピングモールと自社の EC サイト上のバーチャルフラッグショプから始めることにした．

（3）ブランド戦略の練り直しからブランド力の発信へ
　「snidel」は当初 1 年間，まったく売れなかった．近藤をはじめ全スタッフ

は「なぜ売れないのか」自問自答を繰り返しながら，原因追求に全精力を費やすことになった．そして，結論というべき原因を見つけ出すことに成功した．その原因は最も基本的な「消費者が求める商品価値に合致してなかった」にたどり着いた．このプロセスから学んだ本質は，モノづくりに対する原点回帰でもあった．ブランドコンセプトを全員で再確認し，顧客目線に立ったマーケティング分析の議論を繰り返しおこなった．ターゲット顧客が求める，製品・価格・販売チャネル・広報という 4P（Product, Price, Place, Promotion）である．さらに，ブランド戦略を立てるために不可欠な外部環境・内部環境分析や「snidel」の強み・弱み・競合情報・リスクとは何かを問いかけた．つまりSWOT（Strength, Weakness, Opportunity, Threat）分析をおこなったのである．このブランドのフレームワークづくりの経験価値は，構成メンバーの事業チームとしての結束を醸成するとともに，その後「gelato pique」「FRAYI.D」「Lily Brown」などの新ブランド構築へ連鎖していったのは間違いない．

そこから導かれたのが，ブランドコンセプトの明確化であった．「snidel」は"ストリート×フォーマル"というコンセプトを全員が共有し，後にアラウンドモード（AROUND MODE）といわれる新しい価値観を提案するファッションスタイルを確立した．新しいキャリアファッションの提案である．アラウンドモードとは，「カジュアルやミックスコーディネートに慣れ親しんだ30歳前後の世代をコアターゲットとして，トレンド（流行）やヴィンテージテイストのある商品をオフィスでも十分に通用するファッション」（図5-3）と定義されている．つまり，キャリア女性のオンとオフの多面性を満足させるファッションスタイルである．

そして，2006年再構築された「snidel」の新たなコレクションを発表した．この2006年は，ファッションに特化した専門のオンラインショッピングモールが若年層を中心にインターネットの普及と EC の進展によって，爆発的なブームとなった時期と重なりあう．近藤はこれまでの経緯から EC 運営企業とはネットワークがあり，ブームのなか「snidel」のページを組むことに成功した．そして，「snidel」ブランドが25歳前後の女性を中心にインターネット上でSNS

第5章 新興アパレル企業にみる新たなブランディング戦略　*119*

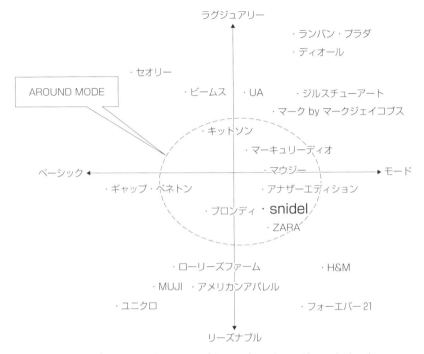

図 5-3　ブランドポジショニングとアラウンドモード・マトリックス
出所）WWD（2013年3月26日号）を参考に筆者作成．

の口コミも含め，新たなキャリア層も巻き込み，たちまち注目されることになり，大ヒットブランドになった．この情報は，雑誌社もキャッチすることになり，加えて営業努力も重なり，人気ファッション雑誌に複数ページにわたるブランド特集が掲載された．さらに，日本で初めて携帯電話で衣料品を販売するモバイルコマース企業として注目されたブランディング（旧ゼイヴェル）が企画するファッションイベント"東京ガールズコレクション"[8]（TOKYO GARLS COLLECTION：以下 TGC）への参加が決定し，主要顧客である20歳前後の TGC ファンの女性にもブランド価値が認知されることになり，一気に顧客年齢層が20歳前後 - 30歳までに拡大し，新たな顧客層を巻き込みながらブランド力の構築が進むことになった．TGC は一般消費者へのプロモーション活動とリアル販売

に直結させることを目的とするファッションイベントである．つまり，ショーで披露されている商品をその場でモバイルから購入できる仕組みを創り出した．構築した．日本で最初に同様のイベントがおこなわれたのは，2002年8月におこなわれた神戸ファッションマートの活性化をめざした神戸コレクションである．筆者もこの記念すべきコレクションに招待を受け出席したが，多くのアパレルや化粧品，服飾雑貨，マスコミ，多様な流通消費財メーカー等による消費者参加型のファッションショーで，これまでにない画期的なイベントであったことが思い出される．

　さらにTGCは，イベントパフォーマンスを高めるため，エンターテイメント性を加えた戦略をとり，東日本を中心にテレビで放映し，インターネット上で全国の顧客に向けてライブ中継をおこなうなど，さまざまなデジタルコンテンツを組み合せた複合的なプロモーション活動をおこなっていた．たとえば，モデルがファッションショーで実際に着用した衣装を瞬時にECで購入できるという新しいアイディアを取り入れ話題を喚起させたほか，すぐに着ることができる「リアルクローズ」を注目させ，そのイベント価値を高めたといえる．2016年TGCと神戸コレクションは，更なる情報発信力の向上と共同コンテンツに基づく新規事業の開発を目的に企画提携をおこなっている．

　ファッション雑誌やTGCの情報は，インターネットを経由して中国をはじめ東南アジアの女性に伝播し，海外から「snidel」の商品に対する問い合わせが急増していくことになった．

（4）バーチャルからリアル販売チャネル構築へ
　ブランド価値を獲得した「snidel」は，百貨店やJR駅ビル，有力商業ビル，都心型ショッピングセンター（以下SC）などから出店オファーが続々と舞い込む結果となった．そして，同社の急成長を支えることになるリアル店舗への積極的な出店戦略をおこなうことなる．2008年JR東日本の新宿駅ターミナル型SCである新宿ルミネ1階へ「snidel」を出店した．店舗は，すでに多くのターゲット顧客層に対して，ブランド認知は構築されていたため，開店初日から

館内でも予想を超える好業績をあげることになり，現在でも常に月平均の売上高と坪効率はベスト5に入るほどの旗艦店となっている．2016年9月新宿ルミネ2でリニューアルオープンの「snidel」は，初日4200万の売上を計上し，驚異的な営業成果をあげている．

　近藤は大都市圏への出店戦略に際し，次の明確な判断基準を設けている．その基準は，①ブランドコンセプトと合致する場所であること，②ディベロッパーはブランド価値を理解していること，③出店フロアの競合ブランドとブランド価値が共有できること，④店舗づくりのこだわりという"わがまま"を容認してくれること，である．

　その後，ルミネでの成功は，さらにSCディベロッパーや百貨店の目に留まったが，決して急速な多店舗展開の出店はおこなわなかった．基本的に年間6店舗ペースで，じっくりと判断基準に照らし合わせながら，適時適場所へ出店している．今後は少子高齢化や市場規模の収縮を想定しながら，消費者の利便性や商品への満足度を高めるモノづくりを最優先に，同社の強みであるECやWEBとリアル店舗とのリレーションをめざすオムニチャネルへの取り組みを強化していくことになる．

　現在「snidel」は，全国主要都市26店，海外69店（中国，香港，マカオ，台湾）を運営している．この手法は，2008年の新ブランド「gelato pique」やその後立ち上げた「FRAYI.D」「Lily Brown」「Mila Owen」なども同じ手法でブランド化を進め，ほぼ狙い通りの成果をあげている．

　また，2010年オーガニックビューティ事業へ新規参入するため，事業買収によって100％子会社の㈱マッシュビューティラボを設立し，オーガニックコスメのセレクトショップ店舗「Cosme Kitchen」を運営している．この時期は女性を中心にオーガニック系自然派化粧品がブームとなりつつあり，現在東京，大阪，福岡を中心に全国38店舗を出店し，さらに新たなコンセプトの新業態もスタートさせている．

（5）事業の多角化と持ち株会社への移行

2013年近藤は多角化による事業規模の拡大にともない，分社化とマッシュホールディングスを設立し，持ち株会社制へと移行させた．メリットとして考えられるのは，経営と執行の分離を明確にし，戦略的なグループ経営が効率的に実行できることがあげられる．また，事業のリストラクチャリングや他社との合併，買収がグループ企業単位で対応することも可能となる．

同社は，これまで図5-4に示す通り，ファッション事業とCG事業，WEBプロモーションの3事業部制と国内1社，国外3社の子会社によって構成されていた．

新たな組織構成は，これまでの中核企業であるマッシュスタイルラボは，ファッション事業に特化した企業として位置づけ，CG事業とWEB事業は新会社として法人化し，マッシュデザインラボとなった．また，すべてのマッシュグループの商品資産管理のほか，アウトレット事業を開発・運営するマッシュセールスラボ，スポーツとヘルシーコンシェルジュストアを開発・運営するマッシュスポーツラボ，オンライン・ショッピングモールを展開するウサギオンライン，カフェなどの開発・運営を手掛けるマッシュフードラボを設立し，既

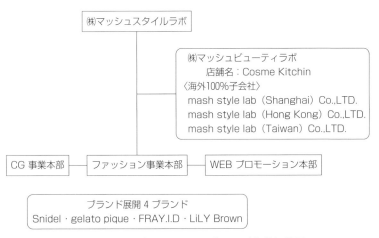

図5-4　2011年　マッシュグループ事業組織図

出所）㈱マッシュスタイルラボ会社概要資料及びインタビューより筆者作成．

第5章 新興アパレル企業にみる新たなブランディング戦略　*123*

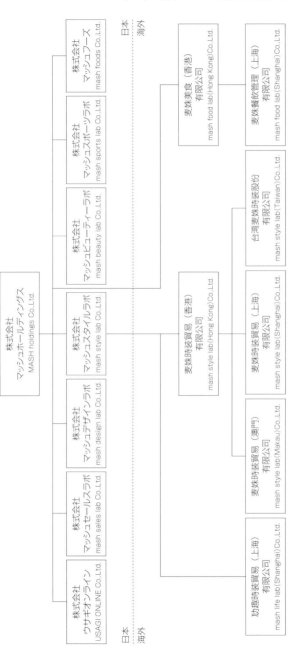

図5-5　2015年　マッシュグループ事業組織図（2015年9月24日現在）

出所）㈱マッシュホールディングスホームページより（www.mash-holdings.com）。

存の「Cosme Kitchen」を運営するマッシュビューティラボを連結子会社とし，国内7社，国外7社とした（図5-5）．近藤は，持ち株会社マッシュホールディングス代表に就任し，新会社を含む全事業会社7社の株式100％を保有している．その理由は，経営トップと現場の距離感が近い「小さな会社」を実現し，① 管理職ポストを増やすことにより，賃金だけではない従業員の多様なモチベーション向上が期待される，② 独自の人事・賃金体系を採用することで，地域や事業内容に応じた柔軟な雇用を達成する，③ 権限委譲を進めることで，モチベーションやモラールの向上がなされ，業務効率が高まる，④ 事業ごとに醸成された暗黙の了解や習慣などのいわゆる企業文化を尊重することができる，⑤ 戦略的なグループ経営実現を追求する，など一層の企業成長をめざすことである，と考えられる．

（6）海外戦略とその成功要因

2011年から同社は，中国，韓国，台湾と日本市場以上に積極的な海外出店を加速させている．中国では，同社の「snidel」が日本ブランドの中で最も人気のあるブランドとしてターゲット顧客に認知されている．進出1号店は，同年3月に開店した上海伊勢丹店であるが，開店日には伊勢丹の過去の記録を更新する驚異的な売上高をあげ，たちまち中国国内で注目を浴びることになった．この成功の背景には，用意周到な経営戦略が起因となっている．近藤は中国でファッションビジネスを成功させるためには，上海第1号店の成否であると確信していた．もし商都上海で成功すれば，人口約14億人で国土も日本の26倍という広大な中国市場で注目され，主要大都市への出店が短期間のうちに実現する可能性があると考えた．

近藤は中国進出に際して，さまざまなネットワークを生かしながら，中国のビジネスパートナーとの信頼関係の構築と自ら徹底的な中国市場のマーケティング調査をおこなっている．筆者の知る限り，進出前の2010年から毎月のように頻繁に中国への出張を重ねていたようである．調査で確認したのは，日本とは異なる顧客ニーズ，若年層を中心にインターネットの加速化された普及の進

図5-6　中国での出店戦略
出所）筆者作成.

行とその利用頻度，ロイヤリティ（royalty）の高さである．中国では，ブランド力を浸透させるためには，商品の認知度をあげることがきわめて重要である．中国は人口約14億人，国土も日本の26倍と広大な国である．中国全土を効率よくカバーし，商品の情報発信できる販売チャネルとプロモーション活動にはインターネットが不可欠であることは間違いない．

　そして，2010年中国のSNS人気ブロガーがTGCと「snidel」の最新商品を紹介し，フォロワーによって口コミ拡散していった．中国では企業が発信するものよりも，一般人が発信するモノの方が信頼を得やすいという背景がある．人気ブロガーは何十万人単位のフォロワーがおり，個人の認知度が高く，ECへの影響力を強くもっている．ECではタオバオ（淘宝網）が6億人，Weibo（微博）とWeChat（微信）という2つのSNSが5億人のユーザーが利用している．「snidel」は人気ブロガーによって，インターネット上で大反響となり，東京本社にも商品問い合わせが増えていった．つまり，「snidel」は進出前から中国全土の若年層にインターネット経由で，日本の有名ブランドとして認知されていたことになる．2011年「snidel」の上海への進出判断は，近藤自ら市場調査をおこなって，成功の確信をもったうえで実現できたといえる．

　このように3月に開店した上海でのブランド価値や知名度を高めた結果，大都市圏の有名百貨店やSCから好条件で出店要請がもたらされた．9月には杭州，11月重慶，12月成都など主要都市に出店した．さらに，2012年に入り，北京，武漢，南京，天津にも出店し，加速的な出店展開をおこなった．その中で近藤は，南京徳基広場店の成功が，今後の中国における集中的な多店舗戦略の妥当性を再確認したと述べている．同店は世界最大級の中国旗艦店「ルイ・ヴ

ィトン」をはじめ多くのラグジュアリーブランドが入店している中国有数の百貨店ショッピングモールの中にある．「snidel」は，そのモールでルイ・ヴィトンと遜色ない実績をあげている．南京は，中国でも有数の商圏である．しかし南京市民は，日本との歴史認識などの軋轢が存在し，反日感情も根強く，過去多くの日本アパレルが失敗を繰り返してきた．このような環境下で，日本ブランド「snidel」が成功したことは，同社の中国市場におけるポテンシャルの高さの証明であり，将来への成功を確信することになった．その後，2014年には台湾を含め，海外店舗は79店となり，海外売上高は約100億円を達成するペースである．

　また，競合他社との差別化されたプロモーション戦略もおこなった．近藤は店舗環境そのものが顧客へ発信する最大のプロモーションの場という考え方である．進出時から店舗内装や陳列，ディスプレイの細部に至るVMDまで，日本国内の店舗と同じレベルでヒト・モノ・カネという経営資源を投入した．中国は日本と比較して人件費率が低く施工費が安価なため，投資コストが少なく済むと考えられる．しかし，同社は日本と同じ予算を組み，施工費の安価な差額分を良質の素材を使用することにより，店舗環境のグレード感を向上させた．消費者は，競合ブランドにはない，高級なグレード感と心地よい空間を体験することになった．さらに上質顧客に対して，欧米のラグジュアリーブランドのようにVIPルームを開設していることもブランド価値向上に貢献している．

　2014年上海で「snidel」を中核にして同社のブランドを集積したファッションショーを開催した．このイベントは，招待状を持たなければ入場できない選別されたVIP顧客の囲い込み戦略と「snidel」以外の自社ブランド「gelato pique」「FRAY I. D」などのプロモーションの意味合いも組み込まれていた．このイベントでは，日本ですでにメジャー化しているデジタル画像を使用したビジュアルエンターテイメントとリアルクローズ型ファッションショーの組合せ方式である．招待客は，VIP顧客以外にも，有力な百貨店やSCなどのディベロッパーも多く含まれていたのである．ショーをとおして，同社の持つブランドの世界観を広くアピールすることにより，マッシュという企業価値の構

築をめざしているのではないだろうか．

　日本アパレルの中国市場への進出は1990年代からイトキン，オンワード樫山，ワールドなど東証上場大手企業が競うように，ヒト・モノ・カネという経営資源を長期にわたり投入してきた．しかしながら，期待するような成果が出ず，撤退が相次いできた．筆者も2001年大連にあるイトキンビルを見学したことがある．全フロアがイトキンの自社ブランドで構成され，日本では考えられない規模の投資をおこなっていた状況に目を見張った．そのビルは，すでに売却され，イトキン本体もファンドにより企業買収されている．グローバル企業化をめざし，海外展開に強みを発揮しているファーストリテイリングは，中国市場へ2002年に進出してから7年を費やし，2009年からようやく赤字体質からの脱却に成功した．つまり7年を費やしている．中国の消費者行動は，日本でデザインや品質も良いブランド価値がある商品であっても，中国での認知度が低ければ中国では売れないといわれる．中国へ先行優位をめざして進出したアパレル企業は，日本ブランドを競争優位の源泉と捉えていたが，消費者行動調査のマーケティングが欠落していたため，撤退を余儀なくされた．中国市場は，膨大な市場規模であるが，日時決算のようなリアルビジネスという観点がなければ，決して容易な市場ではない．

　日本のアパレル企業は，製品の品質やデザインへの信頼，加えてWebサービスの有効利用や店舗環境，差別化されたサービスを連鎖させ，マッシュスタイルラボが「snidel」ブランドの構築に成功させたプロセスは重要な示唆を与えているを考えるべきである（図5-7）．

　中国を含むグローバル市場において，日本製品への信頼性は高いが個別ブランドは知名度も低く，欧米のラグジュアリーブランドやファストファッションブランドのグローバル企業に及ばない．日本は，日本が持つ信頼性を基盤に企業や商品の信頼を重ね合わせ，信頼の相乗効果によってブランド価値向上を狙う必要があると指摘する．しかし，「snidel」は，欧米ブランドに近い信頼とブランド力を構築している（図5-8）．

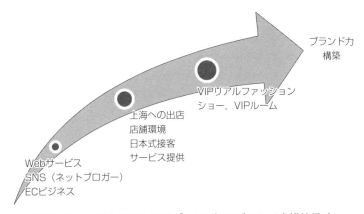

図5-7　中国市場における「snidel」のブランド力構築戦略
出所）筆者作成.

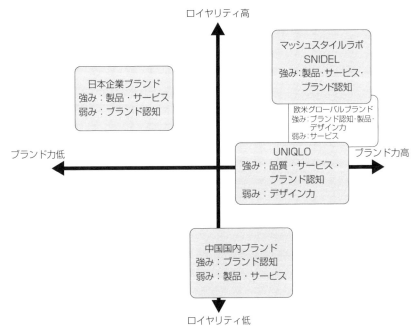

図5-8　中国市場における「snidel」のポジション
出所）筆者作成.

むすびに

　日本市場は，出産率の低下基調から少子高齢化と人口減少が顕在化し，市場規模の収縮という深刻な状況が続いている．ファッション産業も例外ではなく，アパレル小売市場規模のピークであった1991年から2014年の24年間に約40％の収縮が起こっている．そこでユニクロをはじめ多くのアパレル企業が市場成長性に見切りをつけ，競い合うように海外進出をおこない活路を見出そうとしている．しかし本当に見切りをつけるほど，日本市場の魅力が喪失してしまったのだろうか．

　マッシュスタイルラボの事例から発見されたことは，商品開発に際して，ぶれないコンセプトと愚直なまでのモノづくりの重要性である．トヨタやホンダ，ソニーといった製造メーカーは戦後の奇跡といわれた高度成長期に大きく寄与し，世界的な企業に成長した．その要因は，市場ニーズに適合した商品開発によって，新たな市場を創造したことである．現在でも創業者である豊田喜一郎や松下幸之助，井深大，盛田昭夫は多くの局面で人々に語られ，日本人の心を捉え続けている．彼らのモノづくりにかける想い（パッション）やこだわり，困難に直面しても執拗とも思える持続性と社員が一致団結するような組織を作り上げたことに依拠することは，周知のとおりである．マッシュスタイルラボは，アパレル企業でもっともヒト・モノ・カネ・手間を費やすサンプルづくりに毎シーズン1億円以上の資金を投入し，商品開発に対して，たゆまぬ投資を怠らない．ファッション業界でこれほどまでにサンプル制作に投資している企業はないといっても過言ではない．商品サンプルは納得するまで繰り返し作り直され，カラー展開する商品はすべてのサンプルを制作している．筆者は国内外の多くのアパレル企業の商品展示会にいった経験があるが，大抵は修正箇所があるサンプルには表示タグが付けられ，営業担当から実際に納品される商品は「このようになります」と口頭説明で終わることが多い．しかし同社は，徹底

的に完成されたサンプルを手を抜くことなく追求している．この一連のモノづくりプロセスは，社員のブランドに対する強い想い入れやこだわり，店舗スタッフも含めた一致団結の結束力の醸成に繋がっている．最終的には，企業理念"私たちの発想を形にし，人々に幸せを届ける"を具現化した製品価値へと結実している．そして，製品価値をとおして，未開拓の新キャリア顧客層を掘り起し，競争優位のポジショニングを獲得し成長したのである．

　加えて，インターネットが80％近くまで普及している現代社会で，コンピューターやスマートフォンの優れたコンテンツ機能やインターネット技術を巧みにマネジメントできれば，顧客獲得の可能性が存在していることである．インターネットの変化はとどまるところを知らず，モバイル端末の高度化や情報処理・通信スピードの高速化は日々増すばかりである．ECビジネスがパソコンからモバイル，そしてスマートフォンに主軸が移転したように，デジタル化の波は間違いなく変化，進化している．マッシュスタイルラボは，本来CGアニメーションの企画制作を目的に創業されたベンチャー型企業であり，さまざまな基礎応用の情報技術を経営資源として蓄積されてきた．現在グループで扱うブランドのWEBプロモーションはグループ内企業（マッシュデザインラボ）で内製化している．WEBプロモーションとは，定期的に新商品のラインナップに加え，新規顧客の獲得と既存顧客への継続的なアプローチを頻度高くおこない，実際の購買に結びつけることが目的である．また，運営上検索エンジンの最適化も合せて，積極的なWEBプロモーションをおこなうことが必要不可欠となる．但し，作り手がプロモーションをおこなうブランドに対する理解が深耕化してなければ，成功する確率は極めて低いことが課題となっている．しかしマッシュスタイルラボは，蓄積してきた高度なCGや情報技術と綿密な部門間コミュニケーションによって，ブランドサイトは最新ラインアップやコンセプト，コーディネート提案，取扱い店舗網，自社オンラインモール（ウサギオンライン）への誘導など経営戦略の基盤となっている．

　今後ファッションビジネスは，リアル店舗とWEBやEC，モバイルコンテンツを複合的に組み合わせたビジネスモデルが主軸となっていくだろう．さら

第5章　新興アパレル企業にみる新たなブランディング戦略　*131*

に成功精度を高めるために，露出度の高いイベント企画など話題性の発信も必要となる．たとえば顧客がWEB上でファッションショーのライブストリーミングを見て，コレクションから商品を選択し，世界のあらゆる場所から注文可能なシステム構築も重要となる．このようにデジタル社会への適応は，ブランド価値創造へ大きな付加価値も獲得することができるといえる．

そして企業は，常に足元のブランドに対して，真摯なふり返り，抜本的なコンセプトやマーケティング戦略の見直しをおこない，自社の強みを生かしたうえで，消費者ニーズとの整合性を探るべきである．筆者は，日本のファッションビジネスの現状から，大転換期の時代が到来していると認識している．それは，さまざまな情報通信技術の目を見張るような進化と適合する新たなビジネスモデルの必然性があるからである．既存の変わらぬビジネスモデルを続ける企業は，ダーウィンの「種の起源」で書かれた自然淘汰と同様に，環境適合された企業のみが生き残り進化していくことになるであろう．その進化から第二，第三のUNIQLOが生まれることになる．不確実性の高いファッションビジネスは，いかに付加価値から生まれるブランド力を制するかが成功の鍵であり，そのヒントはマッシュスタイルラボの事例から学ぶことができる．

［付　記］

本研究は平成23年年度科学研究補助金（研究活動スタート支援（課題番号23830110）「アパレル企業におけるビジネスモデルの進化―― SPA型からFF型へ――」の研究成果を修正・加筆したものである．

注
1）ADSL（AsymmetricDigitalSubscriberLine）
　　電話線を使い高速なデータ通信をおこなう技術．電話の音声を伝えるのには使わない高い周波数帯を使って通信をおこなうxDSL技術の一種で，一般の加入電話に使われている1対の電話線を使って通信する．「非対称（asymmetric）」の名の通り，ユーザ側から見てダウンロードに相当する電話局→利用者方向（下り）の通信速度は1.5 - 約50Mbps．その逆のアップロードにあたる利用者→電話局方向（上り）の通信速度は0.5 - 約12Mbpsと通信方向によって最高速度が違っている．ADSLが使っている周波数帯

は電気信号の劣化が激しいため，ADSLを利用できるのは電話線の長さがおよそ6-7kmまでの電話回線に限られる．また，ADSLを利用できる電話回線でも，実際の通信速度は回線の距離や質に大きく影響される．ADSLはxDSL技術の中で最初に実用化されたもので，既に一般家庭に広く普及している電話線を使うために手間がかからず，しかも一般家庭でも利用できる料金で高速なインターネット接続環境を提供できる技術として急速に普及した．ADSLはまず米国で普及が始まったが，日本では電話回線を管理するNTT東日本・西日本がISDNとの混信を理由としてADSLに難色を示していた．そして，NTT地域会社はADSL接続に必須となるMDF（主配電盤）での相互接続をADSL事業者になかなか許可せず，これが原因で実用化が遅れていた．しかし，1999年12月にNTT地域会社がMDFでの相互接続を認め，東京めたりっく通信（当時）やNTT-ME（当時）などが首都圏の数カ所の電話局に収容されている電話回線を対象に，限定的ながら商用サービスを開始した．この流れを受けて，2000年には全国の電話局を対象にした本格商用サービスが通信事業者各社によって開始され，ADSLに消極的だったNTT地域会社も，2000年12月に商用サービス（フレッツ・ADSL）を開始した．国内では当初G.992.2（G.lite）規格による1.5Mbpsサービスが主流だったが，Yahoo! BBがG.992.1（G.dmt）規格による8Mbpsサービスを2001年8月に開始．これに追随する形で他社も続々と8Mbpsサービスを開始し，猛烈な勢いで8Mbpsサービスの普及も進むことになった．また，2002年9月以降，G.992.1規格を独自に拡張して12Mbpsのサービスをおこなう ADSL事業者も現れ，競争の少ない通信分野としては珍しく，事業者間のサービス競争が白熱している．

2）光ファイバー（optical fiber）

ガラスやプラスチックの細い繊維でできている，光を通す通信ケーブル．非常に高い純度のガラスやプラスチックが使われており，光をスムーズに通せる構造になっている．光ファイバーを使って通信をおこなうには，コンピュータの電気信号をレーザーを使って光信号に変換し，できあがったレーザー光を光ファイバーに通してデータを送信する．光ファイバーケーブルは，電気信号を流して通信するメタルケーブルと比べて信号の減衰が少なく，超長距離でのデータ通信が可能である．また，電気信号と比べて光信号の漏れは遮断しやすいため，光ファイバーを大量に束ねても相互に干渉しないという特長もある．光ファイバーで実現できる通信速度は従来のメタルケーブルと比べて段違いに速く，既に研究室レベルでは1Tbps（1000Gbps）以上の転送速度を実現した例が報告されているほか，さらなる高速化を目指した研究が盛んになっている．光ファイバーケーブルは用途に応じて大きく2つに分けられ，ガラス製で高速転送に対応するが取り回しが難しいシングルモード光ファイバー，プラスチック製で転送速度は落ちるものの扱いが簡単なマルチモード光ファイバーがある．シングルモード光ファイバーは主に都市間の長距離通信やインターネットの基幹ネットワークなど，シビアな性能が要求される分野で使用されている．一方，マルチモード光ファイバーはLANケーブルやAV機器のデジタル入出力ケーブルなど，家庭や一般のオフィスでよく使用されている．ちなみに，漏れる光をシールドしない光ファイバーというものもあり，このタイプはデータ転送には使えないが，「見た目がきれい」なことを生かしてイルミネーションやおもちゃ

に使われている．
3）クリック＆モルタル（click and mortar）

現実のビジネスインターネット上のオンライン店舗と現実に存在する店舗・物流システムを組み合わせ，相乗効果を図るビジネス手法，あるいはそうした手法を取り入れた企業のこと．

企業にとってのメリットは，既存ブランドが利用できる場合はネット専業企業（ピュアプレーヤー）に比べて宣伝などのマーケティングコスト（顧客獲得コスト）が安くつくこと，在庫管理や物流面などで既存インフラを共有して有効活用できることなどが挙げられる．利用者にとっては，商品選択，代金の支払いや商品の受け渡しなどに関して，選択肢が広がるという点がメリットである．

クリック＆モルタルという表現のオリジナルは，米国の証券会社チャールズ・シュワブの社長兼共同 CEO，デビッド・S. ポトラック（David S. Pottruck）といわれる．

4）デジタルデバイド（digital divide）

パソコンやインターネットなどの情報技術（IT）を使いこなせる，使いこなせないとの間のギャップから生じる待遇や貧富，そして機会の格差，個人間の格差のことをいう．近年では，国家間や地域間の格差を示すこともある．優秀な若者や高学歴の知識層の多くが高度な情報技術を駆使し，ますます有利な雇用条件や高所得を獲得する一方，使いこなすことができない高齢者や貧困ゆえに情報機器を入手できない人々は，より一層困難な状況に追い込まれている現状がある．いわば，情報技術が社会的な格差を拡大させ，さらに固定化させてしまっている事象そのものがデジタルデバイドといえる．

5）ゾゾタウン（ZOZOTOWN）

国内最大規模のファッション専門通販サイトである．2004年12月に ZOZOTOWN をスタートさせ，現在1500ブランド以上の商品を扱うショッピングモールとして注目されている．運営する㈱スタートトゥデイは1995年前澤友作氏により CD・レコードの通販会社として設立された．2000年アパレルのオンラインショッピングサイト EPROZE を開設し，通販からオンラインビジネスへと業態変更した．そして2004年新興アパレル17ブランド（マッシュスタイルラボも当然ながら出店）を母体としてファッションモール ZOZOTOWN がスタートした．現在ファッション業界の人気ブランドをすべてサイト内に網羅し，海外からのアクセスも急増しており，2011年中国・韓国向けの専用サイトを開設するなど積極的な EC 海外戦略を展開している．また，ヤフー，ソフトバンクとも業務提携や合同出資会社を設立し，着々と新しい EC ビジネスを模索している．前澤社長の EC ビジネスの経営戦略は①商品，②サイト，③集客，④物流，の4点を重視し，競合競合他社と差別化もこの4点である．商品については，取り扱うブランドは1,500を超え，他の通販サイトにないブランドなども出店している．サイト作りに関してはデザイン性にこだわり，高感度ブランドのイメージも壊さない，独特の洗練されたイメージを作り上げている．2012年度3月期の売上高318億円営業利益77億円と好業績をあげている（社員数351名，平均年齢29・6歳）．

6）越境 EC

越境 EC とは，消費者と当該消費者が居住している国以外に国籍を持つ事業者との国

際的な電子商取引（購買）ことをさす．
7）ソーシャルメディア（social media）
　Web 上で提供されるサービスのうち，ユーザーの積極的な参加によって成り立ち，ユーザー間のコミュニケーションをサービスの主要価値として提供するサービスの総称のこと．ソーシャルメディアとよく似た表現に CGM，UGM という言葉があるが，どちらかといえば，CGM や UGM は，Wiki やブログのようにコンテンツの作成にユーザーが参加するという要素が強い．ソーシャルメディアにおいては，ユーザー同士の会話をはじめとしたコミュニケーションツールとしての要素のほうにより重きにおかれている．ソーシャルメディアの主なもの Yahoo ブックマークなどのソーシャルブックマーク，mixi，GREE，facebook などの SNS，YouTube やニコニコ動画などの動画共有サイトなどがあげられる．
8）東京ガールズコレクション（TOKYO GIRLS COLLECTION）
　2005年8月にスタートした若い女性向けのリアルクローズファッションを中心としたファッションショーのことである．神戸コレクションとともに2大ファッションショーといわれている．開催は，東京近郊の会場で年2回おこなわれる．運営母体は，プロモーション企業の㈱F1メディアが中核となり東京ガールズコレクション実行委員会が組織され実施運営されている．基本コンセプトは「日本のリアルクローズを世界へ」であり，日本国外への情報発信や日本への誘客を企図して，外務省や国土交通省が後援団体となっている．近年では，東京近郊での年2回の開催のほかに，沖縄・名古屋といった全国の都市や北京といった世界の都市でも開催されている大規模なファッションショーとして知られている．

第6章

百貨店のリストラクチャリングの新機軸

はじめに

　百貨店は欧米や日本において，小売業において唯一の大規模業態として，長きにわたり中心的地位を築いてきた．ところが，1970年代以降，売上不振による厳しい経営状態に陥り，1980年代の米国では大規模な業界再編が繰り返しおこなわれてきた．日本においても，1990年代に入り停滞色を徐々に強め，特に近年では深刻な構造的不況業種といわれるほど，不振は目を覆うばかりである．日本百貨店協会の統計資料によれば，バブル崩壊直前の1991年の売上高9兆5863億円をピークに毎年減り続け，2013年訪日観光客の増加による高級品を中心としたインバウンド効果があったにも関わらず，2015年には6兆1742億と25年間で売上高は，3兆円以上減少している．近年では，多くの識者や研究者から，業態そのものが市場とマッチングしない淘汰対象の一つであると指摘されるまでに至っている．しかし，百貨店もただ手をこまねいていただけではなかった．その間，厳しい経営環境下でありながら，過剰ともいえる店舗のスクラップ＆ビルドや外商活動を中心とした徹底した優良顧客の囲い込み，既存売場の再編集，自主編成によるプライベート・ブランド（Private Brand）の開発など多くのアプローチをおこなってきた．

　また，2003年にそごう・西武（ミレニアムリテイリング），2007年大丸・松坂屋

(Jフロントリテイリング)，阪急・阪神（エイチ・ツー・オーリテイリング），そして2008年には三越・伊勢丹（三越伊勢丹ホールディング）の経営統合による業界再編を進め，生き残りをかけたなりふり構わぬ努力をしてきた．

しかしながら，百貨店の衰退傾向が一向に歯止めが利かなかった事実は，少なくとも消費者の観点から支持されるような抜本的な構造変化が起こらなかったといわざるをえない．百貨店の歴史を振り返ると，誕生から革新的なマネジメントを最大の優位優位として，時代の変化に柔軟に対応し，独自のイノベーションを起こしながら，消費者に支持され成長してきた．では，いったい百貨店に何が起こり，何が問題で，なぜ長期の経営不振という袋小路に陥ったのだろうか．そして，本当に市場から淘汰されてしまう業態になってしまったのだろうか．

本章は，百貨店が取り組むべき構造的な問題を本質的な経営課題として指摘する．そのうえで，米国の百貨店が繰り返し大規模な再編をおこない，苦しみながらも見事に蘇った事例について議論する．そして，百貨店が新たなリストラクチャリング（Restructuring）を実行するうえで，どのような経営的処方箋が考えられるかについて示唆することを目的としている．

6-1　百貨店の誕生から現在に至る変遷

（1）百貨店の定義

日本において，1920年代に入り当時唯一の大型小売店として百貨店は大きく盛隆期をむかえた．しかし，その結果，既存の中小小売業との間で大きな問題を生むことになった．1927年金融不安の発生から昭和恐慌が起こり国内消費は大打撃を受け，多くの小売店が売上不振となり経営難に苦しむことになった．百貨店は大胆な営業時間延長や値引き販売，出張販売（外商），商品券，あるいは顧客無料送迎車の運行やカタログ販売など革新的な営業政策を展開した．このことが中小小売店から多くの顧客を奪うことになり，反百貨店運動が全国で

巻き起こった．そのことを受けて当時の政府は，百貨店の営業活動を規制する法制化をはかり，1937年百貨店法が制定され，同年施行された．百貨店法第二条では，「商品構成では衣食住，その他の分類中２種類以上の商品を扱い，売場面積は六大都市で3000平方メートル以上，その他都市では1500平方メートル以上の規模のもの」を百貨店とし，商品構成と規模によって定義されることになった．その後，1956年第２次百貨店法として一部改定があったが，1973年に同法が廃止され，法律文としての定義はなくなった．また，総合スーパーや大型ショッピングセンターなど百貨店と類型ともいえる新業態が新たに誕生し，厳密に定義することはむずかしい (関根 2005)．

そこで，経済産業省商業統計の業態分類における百貨店の定義を見てみる．百貨店と総合スーパーに関して，「衣・食・住にわたる各種商品を販売し，そのいずれもが10％以上70％未満の販売額の範囲内にある事業所で，従業員が50人以上の事務所」としている．その中で「販売方式がセルフ形式であるものをスーパー，非セルフ販売であるのが百貨店として区分されている．また，売場面積3000（東京特別区及び政令指定都市は6000）平方メートル以上を大型百貨店，大型総合スーパーと，3000（同6000）平方メートル未満をその他百貨店，その他総合スーパー」として区分されている．

日本百貨店協会では，「物理的に独立した店舗面積が1500平方メートル以上のもので，協会に加盟している大型小売店を百貨店」と定義している．

これらをふまえたうえで，本章においては，百貨店の経営不振の根幹ともいえる構造的な経営課題を抽出し，対処法として新たなリストラクチャリングの必要性に重きをおくものである．そこで，あらためて百貨店の産業特性に注目し，「日本百貨店協会に加盟し，衣・食・住にわたる多様な商品，サービスを取り扱い，対面販売・定価販売という販売方式を中心とした一つの統一性をもった組織的な大型小売業」と考える．

（２）百貨店の誕生

百貨店の起源は，1852年にアリスティッド・ブシコー夫妻がフランスの首都

パリに創設した「ボン・マルシェ」[1)]であるといわれている．現在も営業されており，筆者もこれまで何度か足を運んだことがある．現在ではモダンで魅力ある商業施設としては，いささか鮮度は欠けているといわざるを得ないが，クラシカルな建築仕様と店内の重厚な雰囲気から，当時の堂々たる威厳をわれわれに与えてくれる．

　百貨店が成立する条件として，多品種で大量販売という業態特性から考えれば，大規模なスペースが必要となる．ブシコーは当時の人々の欲望を刺激し，魅了したとされる万国博覧会（以下万国博）と同じような広大な空間を百貨店の中に創造しようと考えた．近年の万国博といえば，開催地の経済効果や国家の威信をかけたパビリオン，グローバル企業の新製品や開発プロジェクト発表の場というイメージを浮かべる．しかし，当時の万国博は，人々の娯楽の少ない時代背景から，圧倒的なスケールで人々を驚かせ，エンターテインメント性を備えた大空間の会場に世界中から集められた商品や見たこともない名品，特産品を予約販売や即時販売を中心におこなっていた．つまり，リアルな商品と非現実的な大空間との融合から生まれる消費者の潜在的な需要を掘り起こす実験の場であった．ブシコーはこの万国博のエッセンスを一つのビジネスモデルとしてボン・マルシェに導入した．すなわち旧来の小売業の商業概念をはるかに超越したフェスティバルのような空間や見たこともない夢のような世界，豪華絢爛たる内装と重厚な建築物の要素を組み合わせることによって，百貨店の成立とみなした．ブシコーの百貨店は現代でいうテーマパークの世界を創造し，さまざまな演出によって，さらに魅惑に満ちた雰囲気のなかで消費者の購買行動へと導くことを意図していた．ボン・マルシェの誕生は，単なる商品の売買機能と商業機能を果たすものだけでなく，近代資本主義への移行期に作られた最も資本主義的な形として大衆消費のビジネスを創り出した．マーケティングの目的である顧客の創造を実践したのである．ボン・マルシェ成功の影響は，新たなビジネスとして瞬く間に世界各国へ波及し，ロンドンのホワイトレーやハロッズ，マークス＆スペンサー，ミラノのラ・リナシェンテ，ベルリンのカールシュタット，ニューヨークのメーシー，フィラデルフィアのワナメーカー，

シカゴのマーシャル・フィールドなどの百貨店が次々と誕生していった．

またブシコーは，経営者として現代にも通じる数々の革新的な経営をおこなった．商品をはじめて陳列販売し，正札（プライスタグ）をつけて価格表示を施し，接客による販売方式や商品の返品交換にも応じた．ボン・マルシェは，現代に通じる顧客ニーズに立脚した経営手法で圧倒的な支持を獲得することになった．

一方，その頃日本の呉服商の経営者たちは，呉服商としての伝統を守るだけでなく，さらなる発展を求めて欧米の小売業の業態へと視野を広げ始めていた．三越の高橋義雄は，1887年（明治20年）に渡米し百貨店をつぶさに調査し，高島屋の四代新七と大丸の下村正太郎は，1889年パリ万博の見学を兼ねて欧米視察をおこなった．彼らの見聞そのものが，その後の日本における百貨店誕生へと結実していった．

（3）日本の百貨店誕生から業界再編

日本の百貨店の誕生は，1904年三越呉服店のデパートメント・ストアー宣言に始まる．三越の創業は，1678年（延宝元年）であり，江戸時代を通じて小売商業界の中心的な存在となっていたのが大呉服店であった．江戸，京都，大坂をはじめ諸大名の城下町では商人が増加していったが，その中心になったのが太物（布地・反物）商たちであった．これらの呉服商人のなかに，現在も続く百貨店の創業者たちがいる．さて，このデパートメント・ストアー宣言は，欧米にある百貨店を日本で実現しようとする経営の近代化を目指すという決意表明であり，この時点では百貨店として成立していたわけではなかった．表明後，三越は一斉に百貨店化をめざし，大規模な店内改装を進めていった．その百貨店化とは，欧米の百貨店が採用している近代的な経営手法をいち早く取り入れるプロセスをさしている．

日本の百貨店は2つの源流に分かれて発展してきた．一つは，三越や大丸，高島屋，伊勢丹，十合（そごう）といった江戸時代の老舗呉服店を前身とする百貨店の流れである．1907年（明治40年）前後に店舗を増改装し，一斉に呉服

店から百貨店へビジネスモデルを変更したのである．1917年（大正 6 年）から1923年（大正12年）にかけて，各百貨店は床面積を大きく増やし，豪華で近代的な洋風の高層建築物を競って建て，高級なイメージを作り上げていった．これらの百貨店は，呉服を中心とした高級品や贅沢品を中心に取扱い，知識層である上流・中流階級が顧客の中心であった．

他方，関西の阪急や近鉄，関東の西武や東急といった交通機関の発達にともなった電鉄資本によるターミナル型百貨店の流れである．これらの起源は三越に遅れること25年後である1929年大阪梅田駅に誕生した電鉄直営の阪急百貨店である．阪急は"どこよりも良い品をどこよりも安く"をモットーに上階に大食堂を配して，一般大衆向けの百貨店をめざした．当初は高級呉服など高級品は扱わず，日用雑貨や食料品を中心とした生活密着型の品揃えで，ターゲット顧客は郊外に住む通勤客や沿線の居住者が対象であった．

また日本の百貨店は，欧米の百貨店のように多品種の品揃えで，販売する大規模な小売店だけではなく，屋上遊園地や美術館，劇場などの文化的施設を導入しさまざまな催しをおこなった．当時，美術館や博物館といった文化施設の乏しい日本において，都市文化を育てるうえで大きな役割も果たし，人々に多くの夢も与えてきたといえる．以来百貨店は，消費者に支えられながら日本の小売業界の盟主として確固たる地位とブランド力を築いてきた．

ところが，1960年代後半から1970年代に入ったところでダイエーやユニーといったスーパーマーケット（以下スーパー）が次々と登場し，様相が変わり始めた．スーパーは「生活者重視」を第一のスローガンとし，大量仕入れと大量販売による値引き商法を打ち出した．百貨店は次第にスーパーに圧倒されるようになっていった．そして，ついに1974年売上高でスーパーに抜かれ，後塵を拝すことになってしまった．しかし百貨店は，10万アイテム以上にも及ぶ品揃えの豊富さと対面接客を競争優位の源泉として，消費者の信頼感・安心感はいささかも揺らぐことはなく，百貨店の業態は順調に発展した．

しかし，1992年日本経済はバブル景気が一気に崩壊し，業界の経営環境は悪循環へと激変する．百貨店は，店頭での販売がすべての売上と思われているが，

表6-1 百貨店業界の再編

再編年度	再編形態	百貨店	グループの経営母体
2008年	経営統合	三越, 伊勢丹	三越伊勢丹ホールディングス
2007年	経営統合	大丸, 松坂屋	J.フロントリテイリング
2003年	経営統合	阪急, 阪神	エイチ・ツー・オーリテイリング
2007年	新会社	そごう, 西武	セブン&アイホールディングス

出所）筆者作成.

実は売上高全体の30％前後を外商が占めていた．外商で扱われている商品は，法人需要も多く，中元・歳暮品から呉服，高級衣料品，宝石，絵画，ユニホーム，オフィス備品など多岐にわたっている．最大の特徴は，何といっても扱う商品が高額品であり，もしくは数量がまとまる法人需要の大口注文である．バブル景気の時代には，そうした商品が相当な勢いで伸びていた．その恩恵が大きかっただけに，不況による反動も大きく，売上高の基盤でもあった外商が不振になると売上高の減少は避けることができない．

また，店頭販売のなかで最も大きい収入源である婦人衣料品の落ち込みも激しく，「百貨店の衣料品は割高感を感じる」との消費者の声も多く，一気に顧客離れが進むことになった．これまで表出しなかったビジネスモデルのもろさが露呈することとなり，1992年以降，毎年減収減益が続き，百貨店の歴史が始まって以来の危機に直面している．2007年以降，激しい競争から生き残りをかけた合併や業務提携などの業界再編が加速的に進んでいる（表6-1）．

（4）深刻な縮小する百貨店市場

現在，百貨店の売上低迷が深刻である．全国百貨店売上高は2008年リーマン・ショックによる金融危機以降，特に厳しい落ち込みであったが，2013年にアベノミクス効果による高級品販売の増加や消費税率引き上げによる駆け込み需要で16年ぶり減少基調が止まった．加えて，2014年は訪日観光客のインバウンド需要によりプラスに転じていたが，2015年はこれらの効果が徐々に薄まり始め，再び減少基調となった．

近年の百貨店に関する売上高，売場面積，店舗推移状況は，表6-2，図6-

表6-2 百貨店の売上高・売場面積・店舗数の推移

年度	売上高（億円）	指数	店舗面積（万m）	指数	店舗数
1991	97,131	100	493.8	100	260
1997	91,876	98	629.5	127	294
1998	91,774	98	683.8	138	303
1999	89,936	93	706.5	143	311
2000	88,200	96	710.7	144	308
2001	85,725	92	692.1	140	298
2002	83,447	89	689.8	140	292
2003	81,117	87	687.7	139	288
2004	78,788	84	687.8	139	285
2005	78,414	84	689.0	140	281
2006	77,700	83	683.0	138	277
2007	77,052	83	679.6	138	278
2008	73,813	76	681.9	138	280
2009	65,842	68	663.2	134	271
2010	62,921	65	633.5	128	264
2011	61,525	63	622.2	126	258
2012	61,453	63	632.4	128	249
2013	62,171	64	623.7	126	242
2014	62,135	64	635.9	126	244
2015	61,742	63	641.2	129	241

注）指数は，1991年を100とした．
出所）2015年日本百貨店協会資料他より筆者作成．

1に示す通りである．売上高は，1991年9兆5863億円をピークに低迷が続き，ついに2015年には6兆1742億円となり，ピーク時から36％も減少している．一方，その間の売場面積は店舗の大型化から30％の増加となり，売上高売場面積とのバランスからみれば，いかに非効率化が進行したことがわかる．

直近の百貨店協会レポートによれば，百貨店不振の要因は，近年の異常気象によるファッション商品の不調に加えて，ファッション商品の供給過多による同質化やブランド間の差別化も薄れてきた．また，競合大型複合商業施設の開発やファッションビル，大型専門店，JR等のターミナル商業施設の百貨店化といったコンペチターの増加もあり百貨店の集客力，販売力が大きく弱体化してきた．そしてデフレ経済の長期化の影響を受けながら，訪日客と富裕層消費を両輪として収益を確保しているが，客単価の急激な低下と顧客離れが深刻化

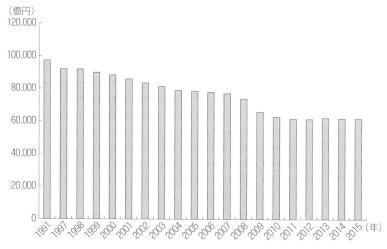

図6-1　百貨店売上高の売上高25年推移
出所）2015年日本百貨店協会資料他より筆者作成．

していると分析している．

　しかし，ここで指摘することは，分析が自らの内部構造の問題には一切触れず，原因を外部要因に求めていることである．つまり内在する問題要因を消費者目線で捉えているかが重要となる．今後さらに多様化するであろう消費者ニーズや環境変化に適合するビジネスモデル構築への対応しているのか疑問として残る．こういった観点からも，現在の百貨店がおかれている構造的な業界体質の問題点の一遍を垣間見ることができる．

6-2　百貨店の経営課題

（1）リスクをとらない委託仕入と派遣販売員制度からの脱却

　伊丹（1984）は，企業の競争力を大きく左右する見えざる資産の本質を情報であると指摘している．そして，情報資源の重要性について，競争優位の源泉，変化対応の源泉であると指摘するとともに，業務副次ルートでの情報資源の蓄

積の重要性を述べている．

百貨店は，長い間取引先メーカーとの取引慣行のなかで，小売業としてもっとも重要な顧客ニーの情報収集能力が失われてきた．その大きな要因は，百貨店独特の取引形態である委託仕入と派遣販売員制度であると指摘されてきた（江尻 1994, 石原 1997, 伊藤 1998）．百貨店業界にこの制度が導入されたのは，1954年婦人服メーカーのオンワード樫山（以下樫山）による提案からはじまった．当時の樫山は，積極的な事業拡大をめざし，特に主要取引先である百貨店との関係強化を模索していた．しかし，取引形態が完全買取仕入であったため，取引拡大が思うようにはいかなかった．そこで樫山が商品の売れ残りリスクを負担する代わりに仕入量を増やしてもらおうと考えた．また，同時に販売員を派遣することにより，消費者の購入情報を店頭で直接取り込み，本社へフィードバックするマーケットインの商品開発をおこなうことで，売れ残りリスクを軽減させようとした．百貨店は，これまで仕入担当のバイヤーが全体予算を立て，取引先メーカーごとに仕入枠を設定し，買付をおこなっていた．しかし，完全買取の取引のために商品が売れ残った場合には，計画された利益率の低減を覚悟して値引販売で商品を処分する以外に方法がなく，常に仕入には在庫リスクが伴っていた．また，対面接客という業態特性により集客が週末，祝日に集中することを念頭に販売員を雇用していたため，平日の閑散期には販売員の適正配置やコスト面から非効率性が課題となり，常に苦慮していた．樫山からの提案は，納入される商品の売れ残りが返品可能となり，販売員まで派遣してくれることは，都合のよい条件であった．以後百貨店は，この委託仕入と派遣販売員という条件を積極的に取引先メーカーへ次々と求めることとなり，さらに1980年代前半から店舗運営そのものをメーカーに丸投げ委託する販売代行制度の導入により，一挙にメーカー依存型の経営体質になっていった．この導入は，百貨店にとって在庫リスクがないことと豊富な品揃えの実現というメリットがあったことは否定できない．しかし売上が低迷すると大きなデメリットとして顕在化してきた．先ず，商品価格の決定権がメーカーへ移転したため，メーカー側は在庫負担や人件費のコストリスクを価格設定に転嫁することになり，

販売価格が割高になってしまった．しかし，百貨店の信用や信頼というブランド力によって，売れている間は大きな問題には至らなかった．ところが，消費者ニーズの多様性や情報取得ツールの進展，SCなど競合業態からの新規参入により，価格帯の高さが消費者も知ることになった．2013年2月に実施された電通総研の消費者アンケートによれば，50％の回答者が3年前に比べて百貨店に行く回数を減らしたという．その理由は「商品価格が高い」が63％でトップとなり，価格に対する信用や信頼は著しく低下していることがわかる．近年では，メーカーとのタイアップ企画（自主編成企画）など低価格品を開発したが，成果があがっていない．顧客価値とは，顧客が負担するコストと手に入れる価値との差が最終的に顧客が受け取る価値である．また，顧客の購買意思決定は，常に顧客価値がプラスになることを期待し，購買後に顧客がプラスと感じれば，期待した以上の価値を手にしたことで満足を感じるのである．逆にマイナスであれば，顧客には不満足となる．顧客は購買意思決定の際には，常に他の選択肢との比較検討をおこない，最良の選択を模索している．百貨店において購買意思決定した顧客は，購入価格や来店までのエネルギーや時間，心理的なコストを負担している．顧客の満足を獲得するためには，手にするすべての価値が，こうしたコストを上回らなくてはならない．一度でも顧客の信用や信頼を喪失すると安易な方法では取り戻すことは容易ではない．

　次に，店頭における顧客情報や販売ノウハウが百貨店にまったく蓄積されなくなってしまったことがあげられる．百貨店の多くの社員は，売上の計数管理や販促企画，新たなメーカーの誘致などが主要業務となり，商品を販売するという小売業の原点から逸脱してしまった．近年のデフレ経済の状況下では，情報ほど重要なことはない．情報を活かし，消費者ニーズをリアルタイムでつかみ取り，迅速に店頭の品揃えや価格へ反映させなければならない．2010年の百貨店における委託仕入や販売代行という仕入形態への依存度は，90％強にまで高まり，テナント貸しの不動産業と揶揄されても仕方がない状況である．百貨店が導入してしまった委託仕入や派遣販売員，販売代行というビジネスモデルが顧客との乖離や顧客不満足を生み出し，ついには多くの顧客離れを引き起こ

してしまった原因である．

（２）創業理念への回帰

　日本を代表する百貨店といえば，東の三越，西の大丸といわれる．いずれも呉服店発祥の老舗型百貨店であることは知られている．「先義後利」は，大丸の家訓であり，現在も理念として引き継がれている．この家訓は，1717年京都伏見で呉服商大文字屋を創業するにあたり，業祖下村正啓によって定められ，「義を先にして利を後にする者は栄える」ということである．社会的に価値ある仕事をすれば，必ず利益は後からついてくるという意味である．利己ではなく利他主義的な思想である．商売なら顧客第一主義のことであろう．下村正啓は，「商人は諸国に交易し，西の物を東に通じ，北の物を南に送り，人の用を調べ其の中おのずから利を得て，その身を養うものなり．必ず己のみの事に思うべからず．天下の用を勤むるものと心得べし」と，後進を諭して儒学の祖の1人である「旬子」の栄辱篇にある「先義後利」の句を掲げ家訓としたのである．事業の根本的な理念として従業員に徹底し，企業の社会的存在や価値を強く意識したものであったともいえる．三越の貸傘は有名であるが，大丸でもマーク入りの風呂敷を取引先に配ったり，顧客へ貸傘や貸提灯といった社会奉仕といえるサービスをおこなっていたのも「先義後利」精神の表れである．

　一方，三越の業祖である三井高利も1678年江戸日本橋で越後屋呉服店の創業にあたり，顧客第一主義の革新的商法（古い商慣習の打破をめざした）を考え，現在も多くの商業ビジネスに影響を与えている．その主な商法とは，以下のとおりである．

①「薄利多売，現金掛値無し」の正札販売の裏打ちとして，顧客に対しては一切差別することなく正直であることを徹底した➡顧客の信用と信頼が第一である．

②サービス精神の徹底➡呉服物の切売り，即座の仕立て，貸傘のサービス，宅配サービス，外商販売，駕籠かき送迎など．

③ 合理主義精神を経営の根底に捉える機・射倖を排し，勤労を尊んだ ➡ 良く働けば繁昌し，工夫しなければ商いは衰退する．
④「商い」と「始末」双方の重視とバランス ➡「商い」とは仕入れ，販売といった営業活動であり，「始末」とは合理倹約から始まって決算収支の黒字増大にいたる利益確保のことをさす．

また，三井高利は，雇用条件として式目なるものを示し，内容を承諾した者のみを採用したようだ．その式目を要約すれば，以下のとおりとなる．

・最大の価値基準を「家」に置き，「家」を守るために全従業員は挺身すること．
・戦略性の重視．したがって一時的な目先の利，つまり戦術を先行させることを禁止する．
・家内の統一，団結を至上とし，このため秩序を厳守する．
・家内秩序維持とあわせて，対外的に一分のスキも見せないために従業員は厳しく制約された生活をする．
・家内結束強化のためコミュニケーションを活発化させる．

この「式目」は従業員の行動規範といえる．これからビジネスを始めるにあたって，店内の組織を強く固め，全員が一丸となって目標に立ち向かう必要性を説いたのである．そのためには，組織構成員の行動規範が必要であった．当時の時代背景から見れば，当然身分階級的な封建社会であり，本来ならば絶対的な店主がトップダウンで奉公人である従業員すべての拘束性を握っていたはずである．しかし越後屋呉服店創業にあたり，三井高利は式目を説明するために全員を集め，一人ひとりから誓約書である連判状への署名をとったのである．連判状は，従業員に自らの事業の目的と性格についてよく理解させ納得させることで，自覚を促す狙いがあった．のちに，越後屋呉服店は大反響となり高業績をあげるが，多くの同業者からは疎まれ，村八分になってしまった．しかし，この組織の結束こそが，越後屋呉服店のさらなる発展へと繋がっていった．

三越が現在も存続していることは，業祖三井高利から始まった類まれな事業意欲のもと「変えないもの」と「変えるもの」の決断があったからである．三越でいう「変えないもの」とは，常に顧客立脚の「誠意さ」と「正直さ」を基本とする商法で，顧客の信用と信頼を勝ち取ることである．「変えるもの」とは，将来に向けて発展していくため，上述のさまざまな新規性に富んだ経営戦略である．老舗型百貨店はこのように，「変えないもの」と「変えるもの」を両輪として実践してきたからこそ，100年以上にわたり厳しい競争を生き抜いてきたのである．この先人の創業理念を業界全体で振り返るべきである．

6-3　米国百貨店のイノベーション 「変えないもの」と「変えるもの」
――ノードストロームの事例から――

（1）1980年代の米国で起こった経営危機からの脱出

　米国の百貨店は，1950年代から1970年代まで順調に成長してきた．ところが，1980年代に入り米国のバブル崩壊で経済不況に見舞われた．今日の日本同様にデフレスパイラル状況となり，多くの百貨店も経営危機に陥ってしまった．消費者の購買先は，このデフレ経済下のなかから誕生した，新しいビジネスモデルのアウトレットモールやディスカウントストア，オフプライスストア，ホールセールクラブ等の業態へと移行していった．しかしながら，多くの百貨店は，統廃合や合併，M&A を幾度となく繰り返しながら，見事なまでに V 字回復を果たし，経営危機を乗り越えた．百貨店は，この経営危機に際して，原点回帰を標榜し，過去にしばられることなく，徹底的に自社の経営戦略の見直しをおこなった．それは，経営理念や事業目的，企業ミッション，SWOT 分析，PPM，STP，4P の見直しなど，まさに経営の根幹である．そして，これらの見直しをおこなった分析を判断材料として，理に適った戦略的な合併や統廃合，M&A を積極的におこなっていった．その結果，再編によって業界内にイノベーションが生まれた．それは，百貨店グレード区分による棲みわけである（表

表6-3 米国百貨店のグレード別棲み分け

グレード	百貨店名
最高級グレード業態	ニーマン・サーカス,バーニーズ
高級グレード業態	サックス・フィフス・アベニュー
中上グレード業態	ノードストローム,ブルーミングデールズ
中中グレード業態	メイシーズ,デラード
中下グレード業態	シアーズ,JCペニー

出所)『ストアーズレポート』六車流研2009年8月号を参考に筆者作成.

6-3).各百貨店が戦略的にグレード区分することによって,暗黙の競争回避となり,グレードに合致した差別化と独自色を活かす経営の実践がおこなわれた.そして再び消費者の支持を獲得することができたのである.

(2) 急成長するノードストローム

ノードストロームは,1980年代の経済不況の後,最も成功した百貨店として評価されている.ノードストロームの成功を分析すると,今後日本の百貨店がめざすべき方向性が示されている.ノードストロームは,1901年シアトルにおいて靴の修理業を営むことから始まった.そして,1958年には,靴専門小売店としてワシントン州とカリフォルニア州で複数店舗を持ち,年間10万足を売り上げていた.当時から経営方針は顧客満足の追求を標榜し,顧客への接客サービスや品揃え,サイズの豊富さなどで大成功を収めた.1963年には,衣料品メーカーを企業買収し,靴と衣料品を扱う複合店舗として,さらなる飛躍をとげることとなった.その後,1967年から百貨店化をめざし,全米各地への積極的な出店をおこなった.現在では,シアトルの靴屋から全米各地を網羅した最先端のファッションと最高の顧客満足を提供する百貨店として認知されている.

2014年ノードストロームの店舗は168店,ノードストローム・ラック195店,ジェフリー・ブティック6店,ラスト・チャンスと呼ばれるアウトレット店18店となり,売上高1兆6318億円と急成長を続けている.

(3) ノードストロームの経営戦略

ノードストロームは，創業時から顧客に対して決して NO といわないことで有名である．つまり，顧客満足を追求することを経営の大きな柱と位置づけた百貨店である．その顧客満足は徹底しており，顧客からの返品は，笑顔で無条件に受け入れる．返品の場合は，もし代替商品の手配が間に合わなければ，商品を顧客の移動先のホテルまで販売員が飛行機で届けたというような伝説的なストーリーも数多くある．このように顧客を最優先として，「いつでも，何でも，どこからでも」顧客が満足のいく商品を取り寄せ，それを最大の満足感と一緒に提供する．従業員のプライドとなるプロフェッショナルな徹底した顧客満足の探求という企業文化を形成したことが，全米一有名な百貨店へと成長させた．ここで，ノードストロームの経営戦略について見てみよう．

① 強みをさらに強くする差別化戦略

ノードストロームは前述の通り，靴専門店から発展した百貨店である．つまり，靴の販売活動が最大の強みといえる．この強みを競合他社との差別化戦略の基盤として，店内フロア構成のなかで，経営資源を集中投下し，消費者から靴に関する売場は全米一といわれる質量感を与えるほど充実させた．さらに，販売スタッフには，従業員の中から優秀な人材を配置し，靴マイスターのようなプロフェッショナル販売員を育成することに注力した．筆者は，これまで米国各地のノードストロームへ行く機会があり，必ず靴売場を覗いてみるが，見事なワン・トゥ・ワン接客によって，いつも靴を購入してしまう．

2014年度ノードストロームの売上高構成比は表6‐4の通りであるが，靴の売上は総売上高のうち，実に20.9％の3411億円を誇り，全米女性の5人に1人は同社の顧客リストに記載されているといわれる．このように圧倒的な強みをもつことは，来客商圏の拡大や集客力の向上が可能となり，他の商品分野にもプラス効果として波及している．

② 柔軟性のあるセグメンテーション，ターゲティング，ポジショニングの設定

ノードストロームは，細分化された30‐40歳代を基本的な顧客ターゲットと

表6-4　2014年度 ノードストローム売上高構成比

アイテム	構成比（%）	売上高（億円）
婦人服	33.5	5,467
靴	20.9	3,411
紳士服	16.7	2,725
コスメティック	11.7	1,909
婦人アクセサリー・バッグ	10.9	1,779
子供服・アクセサリー	2.9	473
その他	3.4	554
合　計	100	16,318

出所）国際ショッピング・センター協会（ICSC）HPより筆者作成．

している．しかし，実際には商品構成はあまりトレンドに左右されないベーシックラインを基調としているため，20歳代から60歳代にも対応が可能であり，広範囲な客層となっている．日本でいえば，SPA型ファッション企業として急成長を続けているユニクロも類型の戦略である．百貨店グレードは，表6-3で示したように，中上グレードに位置づけられる．つまり，商品の品揃えは高級品ではなく，あくまで日常的で普段使える商品を品揃えしている．店内は，消費者が楽しく回遊できるように工夫がなされ，百貨店の特徴である豪華な空間演出はおこなわず，親しみのある日常感を意識的に演出している．

③ 店頭における権限委譲

　ノードストロームは，従業員教育用のプログラムやマニュアルといったものは一切ない．従業員ハンドブックには，「どんな状況下でも，自分のベストの判断で，行動をしなさい．それ以外のルールは一切ありません」「いつ，いかなるときも，自分の優れた判断力を使って決めなさい（法に触れない限り）」と記載されている．多種多様なニーズをもつ顧客について，最も理解しているのは，店頭で実際に接している従業員であり，顧客に対して一番正しい判断ができるという考え方である．そして，従業員は顧客に満足を提供できるように，上限はあるだろうが自由に経費を使って良いことになっている．つまり一見無駄に見える経費を顧客に使ったとしても，正当な判断であれば，ノードストロ

ームでは褒められることはあっても，責められることはない．このように従業員に裁量権を与えるとともに，販売高に対するコミッション，つまり歩合制で給料を受け取る体系になっている．つまり，裁量権を与えながら，その責任は自分が取ることで，従業員一人ひとりが経営者としての感覚を持たせる仕組みとなっている．このような仕組みゆえに，従業員は自由な発想と，さまざまなアプローチで顧客に満足を与えているのである．反面，経営者の感覚がない従業員はノードストロームで働くことは許されない．従業員に経営者感覚を持たせることが，顧客に「何をすべきか，どう行動すべきか」を考えさせることになる．結果，顧客の再来店頻度やSNSなどによる口コミを誘発させた．ノードストロームで働く従業員のモチベーションやパフォーマンスの高さは，このような権限委譲システムに依拠している．

④ 波及効果を生み出すアナログ型顧客管理

ノードストロームでは，すべての顧客情報を一元的なコンピューター管理でおこなっていない．店頭における顧客管理は，あえてアナログ管理を徹底している．すべての販売員は，同社オリジナルの「顧客ノート」を所持し，顧客名，誕生日，住所，メールアドレス，電話番号，クレジットカード種別，身体的なサイズや特徴，前回の購入品，好みのブランドや趣向，別注品や既製品の購入履歴等，顧客に関するあらゆるデータがその場で書き込めるようにしている．

販売員はメーカーから発注品の入荷があると，すぐにどの顧客に勧めるべきかを考え，その顧客に直接連絡をする．ノードストロームでの仕事は，こうした顧客への連絡をする事から一日が始まる．また，販売員は，商品企画の会議や仕入先の展示会へバイヤーと同行し，顧客をイメージした品揃えのアドバイスをおこなう．つまり店頭の声が，仕入れの品揃えにダイレクトに反映できるような仕組みになっている．逆にバイヤーは，毎日数時間でも店頭へいき，販売員から商品情報を聞き出すことが義務づけされている．このような店頭におけるアナログ的な顧客管理がバイヤーの商品仕入と関係性をもち，最終的に顧客満足を生み出す原動力となってのは間違いない．

⑤ 組織のトップは販売員，他の社員はサポーター

　ノードストロームが最も重視しているのは，顧客満足を与える百貨店をめざすことである．この限りなき追求は，商品仕入から販売まですべての業務に反映されているが，会社組織にも独自の工夫がなされている．一般的な企業は，社長をトップとした三角形のピラミッド型の組織体を構成している．しかしノードストロームでは顧客と接点のある販売員をトップに，逆ピラミッド型となっている．つまり，顧客に接する店頭をサポートするために，マネージャーや役員がいるという考えである．「ノードストロームが有利になれるのは，顧客に誠心誠意つくすこと．そして，それをおこなうのは他ならぬ売場の販売員たちである」という考えのもと，大切な顧客のニーズに合わせてサービスを提供し，顧客の声を経営戦略に反映できる形に組織を作っているのである．また，マネージャーや役員のサポートがあるお陰で，販売員は持てる最大限の力が発揮でき，一般企業のような上司との距離間を排除しているのである．日本の百貨店でも顧客第一や顧客満足の追求という言葉がいわれ続けている．しかし，ノードストロームの事例と比較すると，日本の場合は，販売戦略のための一つの方便で戦略の具現化がなされていない．本当に顧客満足を提供することができれば，顧客に選ばれ，再来店され，購買され続けるはずである．経営者がおこなうリーダーシップは，顧客満足を提供できる仕組みが全社員から明確に見える組織体とビジネスモデルを示すことある．

6-4　百貨店復活への経営的処方箋

(1) コミットメントによる意識改革

　百貨店の現状を見ていると，すべての従業員（構成員）は，ルーティンワーク[2]（routine work）化してしまった業務を遂行させることが個々人の自立性の妨げとなっている．本来おこなうべき顧客ニーズの変化へ柔軟に対応することへの障害，阻害の要因といえる．つまり，従業員が何にコミットメントすべきか

の位置づけが曖昧である．従業員のコミットメントを引き出すには，5つのパターンがある．その5つとは，① 組織のミッション・価値観・誇りを共有する，② 業績・業務プロセスの透明性を高める，③ 社内に幅広くチャンスを提供し，社員の企業家精神を尊重する，④ 従業員の個人的なビジョンの達成を支援する，⑤ あらゆる機会を通じて従業員の成果を認める，ことである（亀井2008）．企業特性に応じて，これらのアプローチを組み合わせて実施することで，従業員の内発的なコミットメントが促されることになる．外部からの圧力ではなく，自らの意志で判断するプロセスを経て初めて，本当の意味でのコミットメントが形成される．そして，形成されたコミットメントは，長期的に効力を発揮することになる．成功している多くの企業は，人的資源管理として，従来のコントロール型からコミットメント型へ見事なまでに移行されている．コミットメントは，従業員をモノとしてではなく人間としてあつかう．競争の激しい市場で勝ち抜くためには，指示に一方的に従うだけでなく，深いコミットメントが求められる．業績を上げるために責任を拡大し，チームで状況に応じたフレキシブルな責任を負うのである．前述のノードストロームの社員への権限移譲をおこなったことで飛躍的に高いパフォーマンスが生まれ，全米一の顧客満足が達成されたように，コミットメントの定義を見直し，徹底的に説明し，そして権限拡大により従業員の意識改革を進めなくてはならない．

（2）顧客情報の奪還

　百貨店における基本的な業務遂行の方向性は，これまでの議論で明白となった．それは，小売業として原点ともいえる全員のコミットメントにもとづく，戦略的な自主編成力の再構築である．そのためには，委託仕入や派遣販売員，販売代行などへの依存度の高い商取引の見直しが不可欠となる．見直しには，メーカーへ移転したさまざまな顧客情報を自らの手で進化した電子タグやPOSシステムなどを導入して，共有させることが含まれる．しかしながら，早急な見直しは大きな混乱を招きかねない．そこで，依存度を現状の90％から70％程度に低減させることを目標にしたい．つまり，売場の30％程度は，従業

員のコミットメントによる意識改革をおこなった後，ハイリスク・ハイリターンの商品開発をおこなう自主編成の売場構成をめざすということである．

自主編成力とは，自らの責任をもって，商品の企画・仕入・販売までの商品フローにおいて，仕入形態がどのようなものであっても，一貫して自立性が担保されている商品施策のことである．その実行には，何をおいても顧客情報の収集とその活用をいかに上手くなされるかにかかっている．経営のなかで顧客情報収集という流れが最優先事項として全従業員に認識され，貴重な経営資源という位置づけがなされるかである．そして，自らが高度な情報分析力を学習し，具体的に売場の自主編成力へと結びつけていくシステムを定着させることが重要である．これこそがメーカーに移転してしまった顧客情報の真の奪還を意味する．百貨店創成期では，経営者たちが徹底した顧客ニーズを知ることによって柔軟に自主編成の売場を作り出したように，今こそ高度化された情報を的確に自らの売場編集力構築へと結びつけなければならない．

（3）プロフェッショナルとしての自覚

次に重要なことは，売場の自主編成力を遂行するうえで大切なことは，プロとしての専門性を従業員自らが身につけようとする行動である．店頭での対面販売の際に取得するさまざまな顧客情報のあり方は，競争上とりわけ重要とある．これらの蓄積された情報を競争上価値ある情報へと変換する情報分析力がともない，効果的自主編成への活用，応用がなされることで，競争優位の源泉になりえるであろう．つまり百貨店のコア・コンピタンス[3]（core competence）ともいえる．百貨店ならではの顧客と販売員が直に接する機会，つまり顧客接点を起点としたきめ細やかな顧客情報にもとづいた的確な仕入，販売というもの（図6-2参照）が情報の活用によって，さらに強化できる可能性があるといえる．

こうした戦略的な自主編集を遂行するためにはさまざまな分野のプロフェッショナル能力が必要となる．遂行するシステムを構築するためには，経営や情報に関する専門知識（経営のプロであるMBAの有資格者，情報処理技術者など）をも

図6-2　顧客接点からの情報化フロー
出所）筆者作成．

つ人材が必要になる．また，販売員は前述のノードストロームでも確認できたように最も重要な役割を担う．販売員は接客に従事するなかでさまざまな課題の解決方法を検討することができる．よって販売員は，接客にあたっての専門知識，技能として販売資格制度であるフィッティングアドバイザー，ギフトアドバイザー，販売士，色彩アドバイザー，ファッションビジネス能力検定，ファッション販売検定，インテリアコーディネーター等をめざさなくてはならない．また，経営者は，社内において接客技術を競い合うロールプレーイング大会の開催など，販売員のモチベーション向上の仕掛けを考えねばならない．つまり，技術や技能の発表の場を作るのである．百貨店組織の中核は販売員であり，組織構成員全員がプロフェッショナルとしての自覚をもつことが重要である．

（4）コラボレーションによる自主編成売場

　百貨店の自主編成への取り組みは，営業不振に陥り取引関係の希薄なメーカーが次々と退店を始めた頃から，内部で危機意識を認識したときである．そこで，プロジェクトチームを急遽社内に立ち上げ，幾度となく挑戦を試みてきた．しかしながら，伊勢丹新宿本店など一部の百貨店以外では成果があがらなかった．その理由は，前述したように担当者レベルのコミットメントの脆弱さと専門知識がともなわなかったことで，一体感あるチーム構成ができず，上手く機能しなかったことに他ならない．ここで考えねばならないのは，より成功率の高い，具体的な自主編成による売場づくりの方法である．百貨店には，まだ強

固な取引関係のメーカーは多数存在しているはずである．その選ばれたメーカーと立場を越えた協働という関係性の業務提携で混成チームを編成し，独自性のある商品開発による自主編成の売場づくりを推進することである．つまり，コラボレーションである．但し，このコラボレーションは，メーカーとの関係とともに，百貨店内部の部門別との関係も含めなければならない．たとえば，婦人服部門や化粧品部門，靴部門など複数の部門が一緒にライフスタイルを提案する新しい自主編成売場を作り出すことが重要である．百貨店から混成チームに加わる責任者は，チームリーダーとして大きな職務権限をもち，主体的な行動をしなければならない．そして，構成メンバーは，責任者がリーダーシップを発揮できるように強力なサポートができる優秀な人材が必須条件となる．また，混成チーム構成に加わるメーカー担当者からは，コミュニケーションと実践をとおして，多くの専門的知識とノウハウを学ぶ機会が与えられる．ここで，取引メーカーとのコラボレーションを組むパターンは次のタイプが考えられる

① 製造開発のコラボレーション ➡ プライベートブランドの完全買取仕入
百貨店が自主企画・自主開発した商品を，メーカーに製造させるコラボレーションである．メーカーは，企画段階から製造や品質に関するさまざまなアドバイスを受けることができ，生産ノウハウを取得することが可能となる．

② 商品開発のコラボレーション ➡ プライベートブランドの完全買取仕入
百貨店が自主企画・自主開発する際に，メーカーのデザイナーやメーカー，納入先，デザイン企画会社，情報誌出版会社等とおこなうコラボレーションである．

百貨店は，商品をメーカーや取引先から仕入や調達（委託）をして，顧客に売ることをビジネスモデルとしている．つまり，他人の商品を売っていることになる．米国の百貨店は，完全買取仕入の条件のもと，企画段階から最新の顧客情報をメーカーや取引先へ提供し，アドバイスや修正変更を指示している．

さらに，店舗づくりや売場づくり，商品コーディネート，商環境づくり，人的サービス，安心・安全の信用提供等の付加価値をつけて，自主企画のプライベートブランドとして売っている．顧客は，百貨店が企画から製造まで深くコミットメントした商品であることを認識し，たとえファブレス（fabless）[4]型商品であっても，最適価格と高品質という製品価値によって購入している．日本の百貨店では，有力ブランドをもつメーカーやショップが商品価値を提供しているため，百貨店というよりもブランド価値によって購入したと認識され，百貨店で買ったという意識は以前に比べて希薄化しているのではないだろうか．百貨店は，メーカーのモノづくりに対して，店舗の価値づくりというノウハウを蓄積して成長してきた．今後，顧客のニーズも際限なく厳しくなるなかで，新しいライフスタイルの提案が重要となる．そのためには，売場がマーケット・インを意識するばかりに同質化し魅力がなくなってしまったことを反省し，自らのプロダクト・アウトの戦略が必要になる．

むすびに

どのような時代であっても，競争優位を持続する老舗企業は，創業時のベンチャー精神が最も旺盛で，その精神を持続してきた．百貨店が100年以上にわたって存続できた理由は，「先義後利」に代表される顧客第一主義を貫くサービスと消費者のライフスタイルを創造していくためには，常に何をしたらよいのかを見つめ，革新を続けてきたからである．

現状の百貨店は，あまりにも百貨店という定義の枠にはまりすぎて，同質化，画一化してしまった．これが，構造的不況業種といわれ衰退の危機に直面している大きな原因である．かつて，百貨店の三井高利に代表される先人達は，革新的な商法で顧客の心をつかんできた．そこには，間違いなくベンチャー精神やチャレンジ精神があったのだろう．今後の百貨店は，時代に即した「商業空間」を創造すると同時に，自らのビジネスモデルの再構築を大胆に進めるべき

だ．ノードストロームの事例のように創業理念を守りながら，独自性をもった差別化できる戦略とは何かを見直し，強みであるコアとなる部分を残しつつ，全社員が大きな目標に向かって挑戦することが重要となる．真のコアの部分とは，最終的には創業理念や企業理念であり，永遠に「変わらないもの」である．百貨店はこうあるべきだという見方ではなく，顧客のためにこうありたいという明確なコンセプトがその百貨店の在り方を決定づけることになる．そのためには，顧客に対する質の高いサービスや時代を先取りした感性や商品編集の魅力を顧客に対してアピールするだけではなく，これまで以上の企業価値を高めていくが必要がある．

歴史的を振り返ってみると，都市機能として重要な存在価値があった百貨店が，現在では都市崩壊の象徴となっている．都心大型店の閉鎖や郊外店の開設といった変化対応行動により，都心の空洞化に荷担せざるをえない状況が迫っている．都市の歴史的景観を維持していくことや地域生活文化を伝承，発展させていくといった，従来のような日本独自の社会的価値の創造も百貨店の重要な役割であろう．そして，忘れてはならないことは，経営陣が老舗に甘えることなく現状認識を真摯に受け止め，常に革新をおこなうというリーダーシップがなければ，百貨店経営はうまく運営されることはない．つまり，価値創造のため懸命に取り組める組織一丸となった企業体質への転換が復活の条件といえる．

注
1）ボン・マルシェ
　世界最古の百貨店といわれている．1838年にヴィドー兄弟が創業したパリの流行品店（生地屋）の一つだったが，1852年にオルヌ県の帽子屋の息子であったアリスティッド・ブシコー（Aristide Boucicaut）によって買い取られ，夫人のマルグリット（Marguerite）とともに，バーゲンセール，ショーケースによる商品の展示，値札をつけ定価販売を始めるなどの百貨店としてのシステムを確立，発展していった．また，返品を認めるなど現代の顧客満足の概念に相当することもおこない，小売店の社会的地位を高めることにも貢献した．
2）ルーティンワーク（routine work）
　決まった手順で繰り返しおこなわれる定常作業，あるいは日常の仕事をいう．生産工

場で決められた作業手順により，1台1個ごとに繰り返しおこなわれる作業，あるいは始業前の準備や終業時の整理整頓のように毎日決められた手順でおこなう作業などをいう．このように定常的におこなわれる作業を定常作業といい，これに対し異常処理や突発事故対策のような作業を非定常作業ということもある．事務所業務でも毎日あるいは毎月決められた手順でおこなわれる業務もルーティンワークといわれ，新規業務などの企画や計画，あるいは仕事の仕組みの改善をおこなうなどのプロジェクト的業務と対比される．

3）コア・コンピタンス（core competence）

プラハラドとハメル（Prahalad, C. K and Hamel, G.）が提唱した概念である．コア・コンピタンスとは，組織委おける集合学習，つまり組織成員が協働を通じて学習することであり，特に多くの組織成員がもっているさまざまな技術やスキルを調整し，統合する方法を学習することであると定義されている．彼らは，企業が競争優位を獲得し，それを持続できるかどうかは，優れたコア・コンピタンスを構築できるかどうかにかかっていると主張している．

4）ファブレス（fabless）

自社で生産設備を持たず，外部の協力企業に100％生産委託しているメーカーのこと．自らは製品の開発やマーケティング，販売などに特化し，生産を外部の工場に委託することにより，小規模なメーカーでも製造設備の資産や人員を保有することなく，タイムリーに製品を生産できる．販売なども外部に委託し，開発のみをおこなう企業など，さらに機能が特化した企業もある．

第7章

靴下製造業の新製品開発によるブランド創造
―― コーマ株式会社の事例から ――

はじめに

　近年，アジアを中心に海外へ生産拠点を移転した日本企業の国内回帰の動きが徐々に広がっている状況がある．特に中国では，円安の加速と人件費や電気，水道などインフラ関連料金の急激な高騰で，かつての低コストによる大量生産というメリットが著しく低下している原因が背景にある．しかしながら，1990年以降日本の中小企業を中心とした製造業者は，リストラや廃業，業態転換などをおこなっており，国内回帰の動向にどこまで対応することができるのか疑問視されている．

　筆者の研究対象であるファッション・アパレル関連企業に関しても，1990年代に生産拠点を国内から中国へ移し，その後ベトナム，タイ，カンボジア，バングラディッシュへと次々と人件費の低い地域を求めて世界を彷徨し，生産国を移転していった．その結果，国内で販売されている衣料品のほとんどの原産地表示が海外の国々となっている（大村 2005）．ところが，ここ数年来，為替レートの変化や消費税の免税対象品目の拡大等を起因とした，訪日観光客の爆買といわれるインバウンド特需が起き，「Made in Japan」商品に注目が集まっている．2014年度観光庁「訪日外国人消費動向調査」によれば，特定の品目を購入した割合である購入率では，「菓子類」が63.6％，「その他食料品・飲

料・酒・たばこ」が51.7％となっており，食料品に関連する品目の購入率が50％を超えている．3位はファッション関連の「服・かばん・靴」で37.2％，4位は「化粧品・香水」で31.9％，5位は「医薬品・健康グッズ・トイレタリー」で31.8％となっている．購買基準は，徹底した日本製品である．日本人が1980年代にヨーロッパ旅行へ行き，フランス製やイタリア製の商品を大量に購入していたのと同じ消費行動が起こっているのである．その理由は，日本製の高品質（安心・安全）と高感度という信頼のブランド価値が根底にあると考えられる．この点も日本人が欧州ブランドへの絶対的な帰属性と類似している．

このような現状認識のうえで，ファッションビジネスで限られた特定の市場や顧客をターゲットとしたニッチ・マーケティング（niche marketing）を愚直におこない，頑なに「日本製」を守り続けている製造企業がある．ニッチを成功させるためには，特定顧客向けの専門化や特定地域の専門化などがあげられる（Kotler 1991）．たとえば，メガネフレーム国内シェア96％，世界シェアでは高級フレームを中心に20％を誇る福井県鯖江市の眼鏡産業を形成する匠工房のような製造企業．そして，岡山県倉敷市児島のジーンズを製品ではなく作品と捉えて，あえて規模を拡大せず，しかしローカルにとどまるのではなく世界市場を相手に事業展開するデニムの製造企業など，全国に多く顕在している．

本章は，ファッションのニッチビジネスといえる靴下産業の新製品開発について論じる．第1に，靴下産業の歴史的経緯と現状分析をおこない，今後の進むべき方向性を考察する．第2に，大阪府松原市のコーマ株式会社が取り組んでいる高い技術力を活かした新商品開発の事例分析を通じて，今後中小製造業の企業変革のあり方を示唆することを目的としている．

7-1　日本の靴下産業

（1）歴史的経緯

靴下は，爪先から脚部をおおう衣類の一種と定義づけられる．材質は綿や麻，

絹，毛織物，毛皮，化学繊維などで作られ，長さや厚さによってソックス，ハイソックス，タイツ，パンティストッキングなどに区分される．歴史的には，古代エジプトやギリシアで脚部だけをおおう習慣があり，ひも状の鞣し皮をゲートル風に巻きつけたものがあり，中世の時代まで引き続き使用されていた．そして，布を使って覆うようになったのは，15世紀末から16世紀初めにかけてである．この時代のファッションは，足首まで達していた長い丈の男性服が，腰部を覆うだけの短い胴衣ダブレットになり，露出した脚部を覆うタイツ風のズボンとの組み合わせで着るようになった．その後，現在に至るまで服装デザインや用途の変化に合わせて，靴下も素材や形状を変化に適合させてきた．

日本において，初めて靴下が機械によって生産されたのは，1871年（明治4年）東京において西村勝三が米国から手回しの靴下編機を輸入し，製造されたことに始まる．1872年には，大阪でも同じ機械が輸入され，靴下が製造されるようになった．当初は軍需品の軍足を中心に生産され，その後，一般消費者向けに需要が拡大していった．

日本を代表する靴下産業の奈良県香芝市では，明治時代末期から大正時代にかけて，大阪の繊維や足袋の問屋筋からの発注を受けて，農家の副業の一つとして靴下製造が盛んとなり，機械化導入とともに靴下製造が本業となっていった．現在では奈良県は靴下製造生産地として，全国生産数量の37.4％を占めるなど全国一の靴下産地に成長している．

第2次世界大戦後は，生活環境の西洋化にともない，靴下はこれまでの絹や木綿素材から，新素材であるナイロンが主流となっていく．加えて，製品の仕上げや染色などの技術革新，ストッキングの急速な普及など，素材の高級化と多様化，デザインや柄などのファッションとしてカジュアル化が進行した．その後日本の高度経済成長とともに靴下需要が増大し，1960年代から1970年代にかけてレナウン，ナイガイ，岡本，助野などの大手企業が台頭し，ストッキングの分野ではグンゼ，厚木ナイロンなどが最新の設備で業容を拡大させ，世界有数の製造量と消費量を誇ることになった．

しかし，1980年代に入ると，円高による中国を中心とした安価な輸入品が急

増し，輸出は大きく停滞することになった．さらにバブル経済の破綻により，日本の靴下産業は大きな打撃を受けることになった．国内消費者のニーズは，より安い価格帯（たとえば3足1000円均一品など）を求め，靴下は消耗品へと商品価値が変貌し，国産品離れが生じることになった．製造業は次第に淘汰され2000年以降だけでも，事業所数と製造品出荷額等は著しく減少しており，現在も国内靴下産業の厳しい状況が続いている．また，産業特性として特定地域へ集中立地しているという点に注目すべきである．奈良県を中心に大阪府，神奈川県の3地域で国内生産量の約65％を占めており，産業立地の集中化（クラスター）は，その地域における歴史的背景の中で形成され，発展してきたことを意味している．

（2）現況と最新動向

2013年度国内靴下の小売市場規模は，前年比100.5％の6220億円となっているが，最近10年間は6000億円前半規模で均衡状態が続いている（図7‐1）．また，国内生産量は年々減少しており2013年度3億775万足で2006年との比較で44％も減少したことになり，国内品の市場シェアが大きく低下していることがわかる（図7‐2）．国内生産の内訳は，婦人用54％，紳士用27％，子供用12％，その他7％となっている（図7‐3）．日本靴下工業組合連合会の資料によれば，2014年度国内市場の輸入浸透率は，短靴下（ソックス）87.3％，ストッキング・タイツ57.8％となっており，全体で81.4％と高い数字を示している（表7‐1）．2002年に国内供給量の50％を超え，以降さらに加速的に輸入品が年々浸透してきたことがわかる．もはや国内市場の靴下は，ほとんどが海外生産の製品であることは間違いない．

販売チャネル別では，百貨店や大型量販店（GMSやSC）[1]，専門店のアパレル店舗や雑貨店，コンビニエンスストアなど，消費者の購入場所は多様化している．靴下の製品特性はファッションアイテムと機能性商品としての2つの消費者購買動機をもっている．特にファッションビルや大型商業施設では，製品価値ターゲットを若年層へ絞り込み，ファッションアイテムの重要なツールと位

図7-1　靴下の国内小売市場規模の推移

出所）矢野経済研究所「2007年度‐2014年度版　インナーウエア市場白書」より筆者作成.

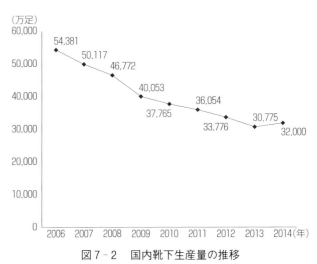

図7-2　国内靴下生産量の推移

出所）日本靴下工業組合連合会「靴下生産量」年度別データより筆者作成.

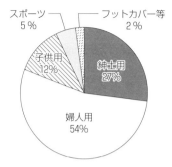

図7-3　2014年度国内靴下生産区分別構成比
出所）日本靴下工業組合連合会「靴下生産量」データより筆者作成．

表7-1　靴下需要の推移

(単位：千デカ（1デカは10足を示す））

区　分	項　目	2008年	2009年	2010年	2011年	2012年	2013年	2014年	2014年/2008年（対比率）
短靴下（ソックス）	輸入浸透率	80.7	82.7	84.0	85.7	86.0	87.2	87.3	
	国内向け供給	139,717	130,043	135,845	139,380	133,737	137,088	134,393	96.2
	輸　出	479	318	297	330	230	275	263	54.9
	輸　入	112,743	107,603	114,098	119,449	115,000	119,508	117,330	104.1
	国内生産	27,453	22,758	22,044	20,261	18,967	17,855	17,326	63.1
PS（ストッキング）T（タイツ）	輸入浸透率	42.9	47.3	52.5	52.0	58.0	63.3	57.8	
	国内向け供給	33,107	31,947	31,825	31,658	33,909	33,965	33,778	102.0
	輸　出	407	455	610	601	573	462	433	106.4
	輸　入	14,195	15,107	16,714	16,466	19,673	21,507	19,538	137.6
	国内生産	19,319	17,295	15,721	15,793	14,809	12,920	14,673	76.0
合　計	輸入浸透率	73.4	75.8	78.0	79.5	80.3	82.4	81.4	
	国内向け供給	172,824	161,990	167,669	171,037	167,646	171,053	168,172	97.3
	輸　出	886	773	908	932	803	737	695	78.4
	輸　入	126,938	122,710	130,812	135,915	134,673	141,015	136,868	107.8
	国内生産	46,772	40,053	37,765	36,054	33,776	30,775	31,999	68.4

(単位：億円)

国内製造業出荷額	1,152	967	938	955	940			

注）国内向け供給＝国内生産＋輸入－輸出
　　輸入浸透率（％）＝輸入／国内向け供給×100
出所）平成26年度日本靴下工業組合連合会調査資料．
　　　輸出，輸入＝財務省貿易統計
　　　出荷額＝経済産業省工業統計

置づけ，製品開発をおこなっている．一方，年齢の高い消費者層対応として機能性を訴求した製品開発をおこなっている．つまり，ターゲット層を細分化させることにより，各々のニーズに適合した販売先立地や店舗環境を考慮する売場づくりが活発化している．

近年では，靴下を単品ではなく，新たなライフスタイルやファッションアイテムのスタイリングツールとして提案するような売場づくりも見受けられる．つまり，アパレル製品と同様に，靴下のトレンドサイクルは年々早くなり，販売時点や生産時点で，注文に応じて素早く反応しようという経営手法（quick response）が競合他社との差別化をはかる手段であり，さらに提案力が付加価値を生み出すという考え方である．すでに店頭商品の低価格化は限界に達している．今後の消費者ニーズは，新たに機能やデザイン，感性，ライフスタイルなど付加価値を求めていくことは間違いない．

（3）靴下の生産プロセス

靴下の産業構造は，概ね図7-4に示すとおり，川上（第一次製品段階：紡績会社・糸商・商社・染色整理業），川中（第二次製品段階：靴下メーカー・加工受託製造業者・ニッター・靴下製造卸売商・靴下輸入卸売商・付属品メーカー）川下（小売り最終段階：百貨店・専門店・量販店・FC店）に分けられる．つまり，川上から川下まで長い分業体制が特徴といえる．しかし，近年では川上・川中・川下という事業領域での棲み分け型ビジネスモデルが多様な消費者ニーズに対応するために徐々に崩壊しつつある

靴下の生産プロセスには，多くの人材と機械設備が必要となる．一般的には次の工程を経る．①糸染め，②編機で成形，③つま先のリンキング（編目のル

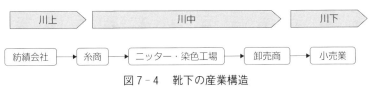

図7-4　靴下の産業構造

出所）筆者が作成．

ープを拾って綴じこむ），④仕上げ（蒸気乾燥させて転写プリント等）と経由して製品出来上がりとなる．また，生産流通の流れは，紡績会社が生産した糸を，それぞれのニッターと取引のある糸商経由で購買し，染工場に持ち込んで染色し，製品加工して靴下に仕上げる．

　川中に属する企業の多くは，従業員9人以下の中小零細が約70％を占めている．これまで，伝統的に大手メーカーや卸売商などからの委託加工が多かったため，安価な輸入品の急増に伴い，受注が減少して事業者数が減少している．今後，自立化が大きな課題であるとともに，国際化（海外展開）や高齢化，事業承継などさまざまな課題が指摘できる．一方，これまでの受託加工やOEM，ODMによるビジネスモデルからから脱却して，自立化を果たし成功している企業も各産地に存在していることも見逃せない．

（4）OEMとODMとは
①定義

　OEM（Original Equipment Manufacturing）とは，委託者のブランドで製品を生産すること，または生産するメーカーのことである．つまり，発注する小売業側が商品企画をおこない，製造仕様書を作成し，サンプルチェックも自己責任でおこない，生産のみを製造業者に委託することである．

　ODM（Original Design Manufacturing）は，委託者のブランドで製品を設計・生産することであり，商品企画までも製造業業者（仕入先業者）に任せ，製品の形にとなったプロトタイプ（提案サンプル）を確認して，製品企画も含めて生産委託することである．

②メリット

　アパレル産業では，SPAの多くの企業が生産コスト削減のために，製品またはその部品を他の国内企業や海外企業などに委託して，販売に必要な最小限の数量の製品供給を受けることにより，委託者である企業は大きなメリットを享受できる．2つの形態の特徴は以下のとおりとなる．

なお，OEMやODMによって生産を計画する場合には，相互間の信頼関係の裏付けのために委託者と受託者の権利義務を明確に規定した詳細な契約書が必要となる．

③ OEM 生産

OEM 生産では，委託者が製品の詳細設計から製作や組み立て図面にいたるまで受託者へ支給し，場合によっては技術指導もおこなう．技術提携や販売提携と並んで企業の経営効率を高めることが目的となる．委託者のメリットは，その製品の市場導入期においてはブランドの知名度向上に役立ち，市場成長期では生産能力不足をカバーし，市場成熟期・衰退期では製品構成を維持しつつ，新商品の開発に集中することができるなどがあげられる．また，生産のための設備投資が最少または不要となるため，資金的負担が少ないということも考えられる．

一方，受託者のメリットは，生産余力の活用，また市場導入期においては自社技術水準の向上が見込まれ，市場成長期では量産効果の享受，市場成熟期・衰退期ではある程度の量産維持などがある．委託者にとってのメリットは，生産を外部に依存するため，生産が生み出す利益は得られないというデメリットが指摘できる．このバランスを検討しながら，OEMの成否を検討することが肝要となる．現実問題として，受託者が支給された製造技術や品質管理，生産ノウハウを吸収・習得し，将来委託者の競合となる可能性もある．他方，受託者は協力工場という下位の立場に置かれるが，技術的，知的財産を自社の経営に活用し，企業の成長を図る可能性がある．

アパレル産業においても，筆者が知る限りでは，新興アパレルの多くが，元来 OEM 受託者でありながら，ブランドメーカーとなり，現在では委託者との競合ブランドとなっていることが多い．

④ ODM 生産

ODM 生産は，半導体における台湾や中国などの企業に多く見られ，製造する製品の設計から製品開発までを受託者がすべておこなう．受託者のなかには，

マーケティングまでおこない，さらに物流や販売まで複数のブランドの製品を一貫して提供するような専門特化した企業もある．これは，OEMの形態が進化した新しいビジネスモデルといえ，欧州のファッションビジネスでも専門特化企業とのODMが盛んになってきている．さらに，受託者が製品を企画，設計，技術情報を委託者である企業へオファーすることもある．そのオファーに対して委託者から修正要求があった場合も，基本的には受託者の製品企画と基本設計で製造まで全てを請け負うのが特徴である．また，ODMの受託者の中には，委託者のブランドの製品を製造するほか自社ブランドでも同じ製品を販売するとともに，自社ブランドの部品を同業者や，ODM・OEMメーカへ販売する企業もある．ODMにおいては，受託者の技術レベルが委託者と同水準，またはそれ以上の高い水準にあることが基本的な条件となる．イオンやセブン＆アイなど大手流通企業は，このODM生産によって数多くのプライベートブランドを販売している．

7-2　タビオの靴下業界におけるイノベーション[2]

「靴下屋」ブランドを展開するタビオは，日本製にこだわるSPA型（靴下製造小売業）企業で，靴下業界にイノベーションを起こしたといわれている．同社は，店頭から靴下製造協力工場，糸商社，染色工場に至る企業の壁を越えたサプライヤー同士の全体最適なビジネス・プロセスを目指すSCM（Supply Chain Management）ネットワークシステムを構築し，商品管理を合理化するとともに，顧客ニーズ即時対応型のビジネスモデルが大きな特徴である．

　2014年度25期の決算資料では，売上高131億円，店舗数は全国264店を展開している．「足に優しい上質の靴下を適正価格でお客様に提供する」「皮膚に一番近い靴下をつくる」という明確な企業理念のもと，徹底的な顧客分析とニーズに合致した新製品開発をおこなうことで急成長した．製品開発コンセプトを百貨店向きと専門店向きに区分し，さらに4P（製品，価格，流通経路，広告）を基

第 7 章　靴下製造業の新製品開発によるブランド創造　171

図 7-5　タビオの SCM 組織
出所）井上・伊藤（2012）を参考に筆者作成.

軸としたマーケティング戦略を採用している．店舗は，ターゲット層に合致した出店場所と店舗環境，回遊性を重視しながら，婦人用・紳士用・子供用などを含めた複合的な商品提案型の新しい靴下売場を提案し，その手法はファッションアパレル企業とまったく同じである．

　同社は，1968年創業時（社名はダンソックス），婦人物・紳士物・子供物の靴下全般を扱う靴下専門の卸売商であった．1970年には事業効率の向上をめざし，若い女性に顧客ターゲットを絞り込み，自ら製品企画をおこない，生産発注する方式を採用していた．いわゆる自主編成型のメーカー機能を備えたビジネスモデルである．しかし，靴下の生産期間（リードタイム）の長さや業界の古い商慣習により，在庫品の増加や資金面の負担が増大するなど経営危機に直面することになった．そこで，1982年起死回生といえる直営店舗「靴下屋」を神戸三宮に出店し，自ら企画・製造・販売するという製造小売業へ業態転換をおこない，高業績という成功を収めた．その後，久留米の「靴下屋」フランチャイズチェーン（以下FC）第1号の誕生から，加速的に直営店舗とFC店舗を全国展開することになった．1992年には，主要仕入先5社（中川商事，廣島織染など）と共同出資による「協同組合靴下屋共栄会（連結子会社）」（図7-5）を奈良県北葛

城郡に設立し，製品開発研究所と最新設備の物流センターを設置し，作業の効率化を図った．この協同組合は，川上（紡績）・川中（ニッター・染色・卸売商）・川下（小売・FC）企業により構成され，いわば運命共同体に近い連携組織であり，重要なSCMの中核の役割を担うことになった．この協同組合によるサプライヤーネットワークのSCM構築こそが，同社の競争優位の源泉であり，その後の靴下業界のビジネスの在り方に大きな影響を与えた．

7-3 コーマ株式会社の事例

（1）事業概要

コーマ株式会社（以下コーマ社）は，河内木綿の産地であった大阪府松原市阿保において，1922年11月吉村駒三によって靴下製造業として創業された90年以上の歴史を持つ靴下製造企業である（表7-2）．

松原市は，江戸時代から明治時代にかけて，河内地方で広く栽培されていた綿から手紡ぎ，手織りされた綿布として，山根木綿（高安山麓），久宝寺木綿（八尾市）と並ぶ三宅木綿（松原市）の産地として全国に知られていた．当時これらを総称して河内木綿といわれ地場産業を形成していた．16世紀末頃から綿作がおこなわれていたが，1704年の大和川付け替え工事が完了してから，その生産量が飛躍的に伸びることになった．大和川の旧川床を綿作畑と利用したのは，砂地で水はけがよく，綿栽培に最適であったことから面積を拡大していった．当時の河内綿は繊維が短く，糸が太いため，織りあげた布地も厚くて耐久性に優れていた．一般的に普段着やのれん，のぼり，蒲団地，酒袋など多くの用途で使用されていた．しかし，明治時代になると海外からさまざまな機械や技術が入り，機械化による安価な紡績糸や化学染料が利用されるようになった．さらにインドなどの輸入綿の関税が撤廃されることになり，河内木綿は徐々に衰退していったという歴史がある．

このような繊維産業の歴史をもつ松原市で創業された同社は，戦後すぐに最

新自動ゴム入り靴下編機を導入し，美しい光沢があり丈夫である細番手の高級綿糸であるコーマ糸[3]（combed yarn）を使用した高級品質の自社ブランド「コーマ印」を開発した．1951年個人事業から株式会社吉村駒三商店に改組し，1960年代にスパンデックス[4]（spandex）入り靴下を開発し業容を拡大した．1963年経営改革や企業イメージの向上，社内の活性化，新しい人材の確保のプラス効果とグローバル化の海外でも通用するように社名をコーマ株式会社に変更した．1970年代には伸縮性があり強度に富むスポーツ用（サッカーやスキー）ストッキングの開発にも成功させた．また，1972年からは，生産工場の近代化に取り組み，生産ラインの拡大とともに増改築をおこない，1995年には編機のドラムレス化や最新の5本指機の導入など積極的な設備投資をおこない，オリジナル商品開発に注力した．2000年代に入ると，同社の技術力を活かした新たな製品である「3D SOX（基本特許取得）」を開発することに成功した．これまでスポーツ用靴下は，左右同形状が通常であったが，同社では研究開発の過程で，親指と小指の付け根部分を膨らませたり，かかと部分をボール状にしたりするなど，左右の足の各部位にジャストフィットする立体的な製品設計をおこなった．加えて，高技術のスキルが不可欠な使用するゴムの量や編込み方式にさまざまな工夫をおこない，足の形と動き，働きをサポートするという付加価値を兼ね備えた新製品を開発させたのである．製品の特徴は，左右非対称の立体構造で，足にフィットしてフットワークなど運動機能を向上させ，足が疲れにくいことがあげられる．このように同社は，革新的な製品開発に特化する「開発に生きる」という基本理念が経営基盤となっている．2009年には，これらの製品開発力よるオリジナルブランド「FOOT MAX」「らくらく博士」を発売した．同社の製品開発技術の公的な評価も高く，2010年経済産業大臣賞と文部科学大臣賞（科学技術賞技術部門）を受賞，2011年「NIPPON MONO ICHI」にFOOT MAXが選定され，2013年には大阪府認定ブランド制度「大阪製」にも認定されたことから理解できる．また，2004年からボイラーのガスへの転換によるコージュネレーション化，ドレン回収，濾過新システム導入により飲料用水質基準適合となり緊急時水源として，松原市の指定を受けるなど製造業者として環

表7-2　コーマ社の会社概要及び沿革

社　　名	：コーマ株式会社
本社所在地	：大阪府松原市
代　　表	：吉村　盛善
資本金	：1,800万円
従業員数	：98名
主な事業内容	：靴下の企画・製造・卸・小売業，製品開発及び研究 大手スポーツメーカー等の受託生産（OEM，ODM，加工）

【沿革】

1922年	創業者吉村駒三により，大阪府松原市（現在の地）で靴下製造業を始める．
1951年	株式会社吉村駒三商店として法人設立．
1954年	コーマ商標登録．
1963年	コーマ株式会社に社名変更．
1972年	ラインの大幅近代化および工場の増改築．
1995年	編機のドラムレス化，5本指機導入によるオリジナル商品開発を始める．
2000年	直営小売店舗「PONY-SHOP」松原店を開業．
2004年	ライセンスブランド「CW-X」「PONY」を発売．
2006年	技術ブランド「3D SOX」の基本特許取得，国内商標取得． 第14回靴下求評展において経済産業省製造産業局長賞を受賞．
2008年	「3D SOX」の米国基本特許を取得．
2009年	オリジナルブランド（自主企画）「FOOT MAX」「らくらく博士」を発売．
2010年	同社の開発技術に対して，文部科学大臣賞を受賞 第16回靴下求評展において経済産業大臣賞を受賞．感性価値デザイン展にオリジナルブランド「FOOT MAX」が選定．
2011年	大阪ミュージアムショップに「FOOT MAX」が選定され，販売開始． "NIPPON MONO ICHI"に「FOOT MAX」が選定． 技術ブランド「3D SOX」の海外商標取得，関連特許取得．
2013年	大阪府認定ブランド制度「大阪製」に「FOOT MAX」が認定．
2015年	「FOOT MAX」がプロロードバイク（自転車競技）チーム， "NIPPO VINI FANTANI"をサポート．同チーム出場の世界最高峰レースであるグラン・ツールの一つである，"Giro d'Italia"で商品供給をスタート．

出所）コーマ株式会社　会社案内より筆者作成．

境問題への取り組みをおこなっている．一方，社会貢献にも力を入れ，靴下製造時に発生する切れ端を破棄せず，老人ホームやボランティア団体へ提供している．この切れ端は，さまざまなアートの制作材料として再利用され，毎年松原市民ホールで展示会が開催されている．

(2) 競争優位のビジネスモデル

　コーマ社は，創業以来「開発に生きる」という基本理念を経営基盤としている．ビジネスモデルは，商品開発のための研究をコア部分に位置付けながら，企画からデザイン，プロトタイプ，糸染色から編み込み，つま先リンキング，刺繍，プレス，検品，包装，出荷まですべて松原市内の自社工場で一貫工程の生産システム（図7-6，図7-7）を構築している．たとえば，染色サンプルは約5万色の研究蓄積があり，染色による糸本来の性質を変える工夫を施しながら，企画に適した糸生産から開発が可能となっている．また，すべての生産工程を内製化したことから，最短のリードタイムで委託者や一般消費者の複雑で多様なニーズに迅速に適応することが可能となっている．また，筆者がもっと

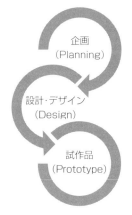

図7-6　コーマの商品開発フローチャート
出所）筆者作成．

図7-7　コーマの生産フローチャート
出所）筆者作成．

も着目した同社の競争優位は，プロトタイプ（試作品）の内製化である．アパレル産業では，製造業者（縫製会社）がプロトタイプを内製化していることはほとんどない．このプロトタイプの製作は，企画段階の設計・デザイン上で最も重要な位置づけとされ，相当高い技術と経験が必要となる．企画でもっとも時間がかかり，もっとも費用がかかるプロセスなのである．ゆえに，筆者の知る限りでは，プロトタイプ専門業者へアウトソーシングすることが多い．このプロセスを同社が内製化していることが，最大のビジネスモデルの競争優位であると考える．

同社は，中国を中心とした安価な輸入品が急増し，激しい価格競争や国内産地の縮小傾向という厳しい環境下で，高機能ソックスという付加価値をつけた製品開発によって，新たな市場をターゲットとしてきた．また，創業以来「開発に生きる」という基本理念のもと，愚直に新製品開発に取り組み，デザイン力や研究能力に秀でた人材を中途雇用し，製品開発プロジェクトのチームリーダーに抜擢するなどの経営戦略をおこなってきた．さらに，自社工場一貫工程システムを強みと捉えて，製品開発と生産部門の一体感を持たせることに注意を払ってきた．ここに，創業以来培ってきた高度な製造技術やノウハウの蓄積を活用し，「3D SOX」高機能靴下を開発し，そして量産化を成功させたのである．

（3）ブランド構築の新製品開発
① 3D SOX

本製品は，足の形状に合わせた高機能ソックスである．特徴は，つま先部分にマチを作ることにより，つま先の形状に沿った立体的なふくらみを形成し，締め付け感を和らげ，機能性を向上させることである．また，足底の膨出部（母趾球・小趾球）に合わせた立体的構造と土踏まずの形状に合わせた部分的サポートにより，フィット感が向上し，高いパフォーマンスを発揮することになる．

新製品開発のプロジェクトメンバーは，工場長とニット技術者，デザイン担

当者の7名で構成された．デザイン担当者は，元眼鏡製品の企画担当をしていた経験があった．新商品開発コンセプトは，眼鏡と靴下にはニーズの類似性があり，利用者にとって眼鏡と同じく，機能デザインが重要であると考えていた．しかし，製品化に際し，企画通りの形状を実現するには，多くの技術的な問題や実現させる生産工程の障壁があったが，デザイン担当者と製造現場スタッフが新製品開発という執念のもと克服することができた．この過程で開発したさまざまな技術は，2006年に模倣品防止のために技術ブランドの基本特許と国内商標権を取得した．また，米国や欧州，中国でも同様の特許を取得している．

② FOOT MAX

本製品は，2009年に3D SOXの製品技術を利用したスポーツ用自社ブランドとして，陸上競技を中心とする多くのアスリートから意見やアンケート調査の協力も得ながら「肉体との一体化を追求し，進化するソックス」をめざし開発している．生地の伸縮性によるフィッティング機能を持つ従来の筒状のソックスとは違い，足の膨らみなどの特徴を立体的側面から捉えた設計，運動時の筋肉の動きや機能性に合わせた編み構造が生み出すフィット感とサポート力によって，アスリートのパフォーマンスを向上させることが特徴となる．現在，製品として開発された対象のスポーツは，自転車競技，ランニング競技（マラソン，ウルトラマラソン他），トレッキング，ジョギング，ゴルフ，スポーツクライミング，登山などがある．今後さらにスポーツニーズを細分化させながら，対象スポーツの範囲が拡張されていくものと考える．

また，プロロードバイク（自転車競技）チーム "NIPPO VINI FANTANI" をサポート．同チーム出場の世界最高峰レースであるグラン・ツールの一つである，"ジロ・デ・イタリア[5]（Giro d'Italia）" で商品供給をスタートさせている．この波及効果として，同社のECサイトには世界中からFOOT MAX商品の問い合わせが入っている．

（4）販売チャネルの開拓

「3D SOX」は，価格帯が1800円から2400円と一般的には高額商品といえる．販売スタート時には，営業活動で訪問先から「価格帯が高くて難しい」「左右を履き分ける靴下なんて売れない」と相当厳しい意見をいわれたようである．当然ながら，高機能ソックスという付加価値について説明したが，なかなか理解を得ることができなかった．販売開始の2年間は，ほとんど販売チャネルを確立することができなかった．しかし，吉村社長の知り合いのスポーツアパレルメーカーの幹部に「3D SOX」の技術提案をしたところ高い評価を得て，各ブランド責任者に「3D SOX」を説明する機会が与えられた．その結果，メーカーと「3D SOX」のOEM契約の締結にこぎつけ，2004年ごろから少しづつ販売ネットワークが広がるようになっていった．

さらに，販路が拡大したのは，ゴルフ用に開発した「3D SOX」が，積極的な営業努力によってゴルフ用品メーカーに採用されたことであった．その他，ブース出展していた展示会において，大手百貨店の目利きバイヤーの目に止まり，百貨店内に販売コーナーが設置されることになった．この百貨店への出店は，売上だけでなく，製品のブランド価値認知にも大きく貢献していのは間違いない．主な販売先としては，百貨店や大手スポーツ専門店，大手量販店，直営店舗（PONY-SHOP），ECサイト・モールなどがあげられる．現在，実店舗としては，全国200店以上で販売されている．

（5）今後の課題

先ず，同社全体の売上高構成を見ると，大手スポーツメーカーを中心とした，受託生産（OEM，ODM，加工）が全体の約80％を占めており，今後自社ブランドの販売チャネル拡大による売上高の増加が重要である．受託生産は，安定した収益性が予測できるメリットがあるが，いくら委託者との信頼関係が確立されているとはいえ，常に同業他社との競争にさらされていると認識しなければならない．同社の競争優位の源泉である製品開発力と国内一貫工程の生産システムの強みを活かせば，SPA型のビジネスモデルへと企業変革することは可

能であると考えられる．

　次に「3D SOX」の高機能に対する科学的な検証データがないことがあげられる．現在，阪南大学との社会連携事業により，さまざまな業種の従事者からモニタリングによる実験データやアンケート調査分析をおこなっている．やはりスポーツ医学の分野から骨や筋肉，腱など足の構造を踏まえて，足のどの部分にどのようにサポートしたら効果があるのかなど実証的に研究し，証明することができれば，「3D SOX」の高付加価値ソックスというブランド力を消費者へ高めることになる．

むすびに

　本章は，ファッションのニッチビジネスといえる靴下産業の製造業を中心に取り上げてきた．

　日本の製造業を取り巻く環境は，ますます複雑性を増して大きく変化している状況がある．製造業のグローバル化が調達も含めて進展しているが，国内生産という強みを活かした，ものづくりの国内回帰もより顕在化してきている．このような状況の中で日本の製造業が，世界的な競争を勝ち取るためには，アジアを中心とした新興国と対峙するコストダウン意識と高付加価製品の開発力，生産工程のリードタイム短縮が求められている．加えて，市場での需要変動に柔軟に対応できるようなビジネスモデルの構築が不可欠である．

「靴下屋」ブランドを展開するタビオは，徹底した日本製にこだわるSPA型（靴下製造小売業）企業へと企業変革し，業界にイノベーションを持ち込んだ．サプライヤー（絆で結ばれた仲間意識）間の全体最適プロセスのSCMシステムを構築し，商品管理の合理化と同時に，リードタイムの短縮化と顧客ニーズ即時対応型のビジネスモデルを生み出した．

　事例で取り上げたコーマ社は，新製品開発に特化する「開発に生きる」という基本理念を経営基盤として，国内自社工場で一貫工程の生産システムを構築し

ている．一貫工程の強みを活かしながら，もっともリードタイムが長いといわれる企画からプロトタイプ製作も内製化し，最短リードタイムを実現している競争優位に注目したい．コーマ社が「3D SOX FOOT MAX」ブランドを「自らつくり，自ら販売する」する SPA 型企業をめざすことも可能であると指摘しておきたい．

　中小製造業の企業変革は，簡単には実現することはできないであろう．しかし，常にスペシャリストとしての自負を持ち，高付加価値の製品開発と生産のリードタイム短縮を志向することが重要であるのは明らかである．

［付　記］
　本章は，阪南大学産業経済研究所助成研究(A)2013‒2015年度「アパレル企業の最新ビジネスモデルに関する研究」の研究成果の一部である（阪南大学社会連携事業及び松原ブランド研究会の活動が本章の研究基盤となっている）．

注
1）SC（ショッピングセンターの呼称）
　　ショッピングセンターとは，一つの単位として計画，開発，所有，管理運営される商業・サービス施設の集合体で，駐車場を備えるものをいう．その立地や規模，構成に応じて，選択の多様性，利便性，快適性，娯楽性等を提供するなど，消費者ニーズに応えるコミュニティ施設として都市機能の一翼を担うものである．
2）タビオ
　　1968年越智直正（現会長）は当時勤めていた会社を辞め，同僚と3人で靴下専門卸問屋「ダンソックス」を創業．1977年に「株式会社ダン」に社名変更，2006年に「タビオ株式会社」に社名変更し現在に至る．近年の靴下市場は，中国産の安い製品が市場を多く占めているが，タビオは"Made in Japan"にこだわり，企画‒生産‒販売・在庫管理までを一貫するサプライチェーン・マネジメント（SCM）の SPA 型ビジネスモデルをおこなっている．売上高の90％は女性向け商品である．また，2002年にはイギリス（ロンドン）高級百貨店ハロッズに出店し，2009年にはフランス（パリのマレ地区）と海外出店を活かしたブランドイメージを構築してきた．靴下業界にイノベーションを持ち込んだ代表的な企業であり，創業者越智直正は，会社を興し一代で成長させた「靴下の神様」と呼ばれている．
　　尚，タビオ（Tabio）は，「The Trend And the Basics In Order（流行と基本の秩序正しい調和）」の頭文字をとったもので，Tabio をはいて地球を旅（タビ）しよう，

足袋(タビ)の進化形である靴下をさらに進化させようという意味が込められている．
3) コーマ糸(combed yarn)
　短繊維でカード糸に対する言葉で，カード工程(長さの短かい繊維の除去と繊維を平行に引き揃える工程)の後で，さらにより短かい繊維の除去と繊維の平行度をより良くするためにコーマという機械を通して紡績したコットン(綿)の細番手高級糸のことである．特に，肌触りと風合いに優れていることが大きな特徴といえる．
4) スパンデックス糸(spandex)
　繊維形成の基本材料に85 wt％以上のポリウレタンセグメントを組成として有する長鎖状合成高分子よりなる弾性糸のことである．スパンデックスでは，硬さは主としてポリウレタン，軟らかい弾性を示す性質は主としてポリエーテルによっている．
5) ジロ・デ・イタリア(Giro d'Italia)
　イタリア最大のサイクルロードレースで第1回大会は1909年に開催された．途中大戦による中断があったが，20015年で98回目となる歴史を誇る．ツール・ド・フランスとプエルタ・ア・エスパーニィアと並ぶ"グランツール"の一つである．

第8章

アパレル企業の多角化戦略とその本質

はじめに

　企業が成長していく上で，事業分野を拡大して多角的に事業展開することは決して珍しくなく，多くの大企業は，一つの事業領域にとどまらず複数の事業を営んでいることが多い．

　一般的に多角化とは，企業が従来の事業活動とは異質な事業活動を付け加えてゆく行動のことであり，異質な事業活動が単一の企業内に統合された状態と定義される（加護野1976）．しかし，多角化にもさまざまなパターンが存在し，そのようなパターンを生み出すのが多角化戦略（diversification strategy）である．

　国内外のアパレル企業でも，ブランド資産を活用した異業種参入による多角化が頻繁におこなわれている．いわばファッションの世界で強いブランド価値を所有する企業が，さらにブランド価値の拡張と連鎖を念頭に多角化戦略が進展しているのである．その多角化の特徴は，単にスピードが速いだけでなく，これまでと違って，事業領域がきわめて広範囲にわたっていることである．

　たとえば，ファストファッション「ZARA」を有するスペインINDITEX社[1]は，その事業領域は小売業の枠を大きく越え，金融，保険，通信，インフラ，不動産，飲食をはじめとして，地域開発事業にまで拡張し，スペイン最大の企業へと成長している．イタリアBenetton社[2]は，国内の高速道路やさまざまな

インフラ事業をファッションからコア事業へと移転させ，もはやアパレル企業という領域では説明することはできない企業となった．ラグジュアリーブランドのLVMH[3]（モエ ヘネシー・ルイヴィトングループ）は，5つの事業領域を持ち，世界最大の免税店チェーンDFS（ディエフエス）がグループ全体の収益性に大きく貢献している．ジョルジオ アルマーニ[4]（Giorgio Armani）やブルガリ[5]（BVLGARI）は，ブランド価値そのものをインスパイア（inspire）させたホテルやレストラン，カフェ事業が大成功し，新たな顧客獲得からブランド価値をさらに強固なものにしている．

また，国内に目を向けるとサマンサ タバサ[6]（Samantha Thavasa）やビームス[7]（BEAMS），ユナイテッドアローズ[8]（UNITED ARROWS）など若者に人気のショップがスイーツやカフェなどの飲食事業を中心に多角化を推進させ，ブランド浸透と価値向上という新たな好循環サイクルを創出させている．

これらのアパレル企業の多角化戦略は，最大の経営資源といえるブランド価値を巧みに利用し，複合型小売業（conglomerchant）という異業種事業間のシナジー効果[9]（synergy effect）を生み出す「組み合わせ型業態」の構築をめざしていると考えられる．しかしながら，アパレル企業の多角化が急速に進んでいるにもかかわらず，それを広汎的に分析する理論的枠組は皆無といえる状況が存在している．この分析枠組の皆無性は，大規模流通小売企業や製造企業を対象とした，膨大な多角化理論の研究業績とは対照的であるといえる．

本章の目的は，このアパレル企業の多角化戦略に着目し，これまでに蓄積された多角化理論に関する先行研究を検証することにより，その戦略分析をおこなうために必要な理論的枠組を明示させることである．そして，「どのような分析視点が必要なのか」，「どのような概念に着目しなければならないのか」を示唆することも課題となる．

8-1 多角化戦略に関する先行研究

　企業の多角化戦略に関する先行研究は，これまでに多くの論者によって，理論化へさまざまなアプローチがなされている（Ansoff 1965, Penrose 1959, Raynor 2007, Rumelt 1974, 加護野 2004, 三品 2006, 吉原・佐久間・伊丹・加護野 1984）．

　企業は，経営環境の変化に対応するために新たな経営ビジョンや方針を策定する際，事業領域全体をどうするかについて戦略的に決定させなければならない．そこで，企業を成長させるのか，現状維持でよいのかという意思決定の判断をする必要性に迫られることになる．その成長戦略の基盤となる手法は，多角化戦略による複数の事業展開をおこなうことである．

　多角化の意思決定の理論的枠組は，主に2つのアプローチから区分することができる（加護野 1976, 吉原・伊丹・佐久間・加護野 1984）．

　まず，多角化への投資効果と規模の経済（saeconomies of scale）[10] 性という観点からのアプローチである．ここでいう投資効果とは，単一事業への資金の集中投資ではなく，関連性の少ない複数の事業領域への分散投資であり，企業全体のリスク回避という視点でおこなうことである．もし企業判断がリスク回避策を選択した場合には，分散投資による事業領域の拡張という多角化戦略を選択したことになる．一方，既存事業に規模の経済性が十分に存在している場合には，多角化を抑制しようとする作用とともに，事業のバージョンアップをめざす専門化へと導く作用も働くことになる．一般的に企業収益の安定化への要求が強く，また企業全体の規模と比較して事業領域拡張の経済規模が相対的に小さい企業ほど，多角化の動機は強いと考えられる．さらに，多角化レベルが高い企業ほど，また事業間の収益の相関が小さい事業構成をもつ企業ほど，収益性の安定が高いと考えられる．この観点の体系的な理論化は，Fisher（1961）やBerry（1975）によっておこなわれているが，一般的には企業買収や合併という観点からのアプローチでこの理論的枠組が採用されることが多い．

次に，企業価値を保持することは，長期的に利益を生み出し，事業を継続させなければならない．そのためには，(1)一定の成長率を維持しなければならないという仮説，(2)製品市場での成長は，製品ライフ・サイクル（product life cycle）に従わねばならないという仮説，のもとで，多角化がこの2つの仮説ギャップを補てんするための有効な手段であるという観点のアプローチが必要である．つまり，多角化戦略は，企業成長の鍵となる製品ライフ・サイクルの呪縛から解き放つという意図のもと，経営資源をより有望な事業領域へ向かわせる行動と考えるべきである．この行動は，事業領域間の競争という側面と経営資源が何らかの形で専門化，特殊化されていくという側面に注目すれば，この理論のもう一つの要素は経営資源の移転可能性であるといえる．

多角化の理論では，経営資源の特殊化は，一定の製品の生産・販売活動についてではなく，そこから不断に形成される技術上，競争上のインヘリタンス（継承）の特殊化としてとらえられる（加護野 1976）．そして，インヘリタンスを有効に活用できる分野への経営資源の移転は可能であると仮説をたてるのが普通となる．この理論による，目標（必要）成長率と既存製品市場の実質成長率のギャップが大きい企業ほど強い多角化の動機をもち，十分なインヘリタンスをもつ企業ほど多角化の可能性が高いと考えられる．また，インヘリタンスを有効に利用できる関連分野に限定した多角化戦略をとる企業ほど，高い成果をあげることができると考えられる．さらに，インヘリタンスという観点からみると無関連分野への多角化戦略をとる企業ほど外部成長への依存度が大きいと考えられる．この観点による理論化は Penrose（1959），Marris（1964），Albach（1965）などにより研究がおこなわれていが，目標・予想ギャップとインヘリタンスの重視という点からみれば，Ansoff（1965）による製品市場選択問題の構造化理論がこの枠組の根幹をなすといえる（加護野 1976）．

Ansoff は，戦略として企業の成長を実現させるための事業領域の意思決定について，成長ベクトル（growth vector）の理論を提唱した．この理論によれば，企業は製品と市場という2つの分類軸を用いて，その既存か新規かによって，市場浸透，市場開発，製品開発，多角化という4つの成長戦略がとれることを

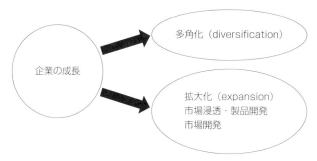

図 8-1　企業の成長戦略

出所）筆者作成．

表 8-1　アンソフの成長ベクトル

市場＼製品	既　存	新　規
既　存	市場浸透	製品開発
新　規	市場開発	多角化

出所）アンソフ（1965，邦訳 1969）．

表 8-2　多角化における成長ベクトル

		需要・新しいニーズ		
		既存市場と同じタイプ	類似タイプ	新しいタイプ
新製品	関連型多角化	水平的多角化	同心的多角化	同心的多角化
	非関連型多角化	垂直的多角化	同心的多角化	コングロマリット的多角化

出所）Ansoff（1965，邦訳 1969）を筆者加筆．

図 8-1，表 8-1 のとおりに示した．企業はこれら 4 つの戦略のうち市場浸透が，もしくはそれを含めた複数の戦略を組み合わせることにより，自社が取り組むべき製品・市場の構造を決定する．なかでも多角化は，製品・市場の範囲（Scope）を広げることから，最もダイナミックな企業成長戦略といえる（中橋 2008）．

また，多角化を成長戦略として捉えた場合，表 8-2 に示すとおり，水平的，垂直的，同心的，コングロマリット的という 4 つの多角化に分類し，さらに関

連型と非関連型に分類した．関連型多角化は，製品，技術，流通チャンネルなどのように企業が保有する何らかの知識やスキルを活用し，新しい分野で事業を展開することをいう．非関連型多角化は，マネジメントとファイナンス能力以外の経営資源を保有することなく，既存事業以外の領域に進出することである．一般的に，成長性は多角化の程度が高い企業ほど高いが，収益性は多角化が中程度の企業が優れているといわれる．

8-2　多角化戦略の2つの要因

　近年，国内のアパレル企業は，政府の景気対策である大胆な金融政策や機動的な財政政策，民間投資（三本の矢といわれるアベノミクス）による成長戦略への期待感から，首都圏を中心に開業された大型商業施設（SC）への出店を加速させている．しかしながら，将来的な市場環境をみると少子高齢化と人口減少による市場規模の収縮と消費者ニーズの多様性など不可避な課題に直面している実体がある（大村 2011）．

　アパレル企業の多角化を促進させるには，さまざまな要因が考えられるが，本章では外部環境に起因する外的要因と内部環境の変化に起因する内的要因という2つ要因とその戦略変更から検討する．

（1）外的要因と戦略変更
① 経済不況と市場収縮
　バブル経済崩壊から2000年代に入り，国内アパレル市場動向をみると，少子高齢化と人口減少の影響や2008年欧州政府債務危機に端を発した世界同時不況が直撃し，1991年のピーク時に12兆円あった市場規模は，2014年には9兆3784億円と大きく収縮した．この間，多くのアパレル企業が経営不振に陥り，事業縮小や吸収合併，倒産，廃業など大きな影響を受けることになった．

　また，戦後50年以上にわたりアパレル企業にとって，重要な販売チャネルで

あった百貨店の衰退が一気に顕在化し，生き残りをかけた合併・統廃合によって負の影響（取引条件の変更）といえる強い圧力から営業撤退という厳しい判断をすることになった（大村 2011）．また，海外ファストファッション企業などによる市場進出もあり厳しい企業業績が続いている．

② 新たな消費者ニーズ

ここ数年来，新たな消費者ニーズとして，価格，品質に加えて，個性という三点志向が強い消費者がマス市場を形成するようになってきた．つまり，アパレル市場の喫緊課題は，製品ライフ・サイクルのファド（fad）化と消費者が購入対象とする商品の選択において，価格や品質のみならず差別化による個性という価値を重視する傾向にあることである．今日，消費者の購買基準がこれまで経験したことがない，複雑かつ複合的な価値連鎖（value chain）を求めている（大村 2012a）．しかしながら，厳しい外部環境の変化に対して，巧みに適応させながら，新たな多角化戦略によって急成長しているアパレル企業が数多く存在している．それらの企業は自らのポジショニングと強みを常にリセットし，ゼロからの見直し，保持するブランド価値を見極めながら，経営資源を集中的に投資する戦略をとり，高業績をあげている．これまでのアパレル企業は，画一的な多店舗化と店舗大型化による量的拡大依存型のビジネスモデルで大きく成長を遂げてきたが，外部環境の変化により修正を余儀なくさせられている．

③ 内部志向と外部志向

ここで，企業がとった戦略変更を整理すると以下のとおりである．

内部志向的な戦略変更は，① ブランド価値と物販体制の見直しによる効率化，② SPA 型ビジネスモデル導入による仕入と在庫管理の合理化，③ 労働コストの抑制，④ 財務体質の改善を基軸とした経営のスリム化，であった．但し，② は負の外部環境変化を好機と捉え，これまで暗黙知化されてきたビジネスシステムを根本から覆し，世界のファッションビジネスの大きな潮流である SPA という最新の経営手法を導入したのである．

外部志向的な戦略変更としては，アパレル事業と関連するシナジー効果を生

み出すような新たな事業領域を探し出し，多角化をめざすことであった．企業は保有するブランド価値を長期的な成長戦略のコアツールとして位置づけ，ファッションビジネス領域の拡張というミッションのもと，スィーツフードやカフェレストランなど飲食事業を中心にファッションとの価値創造というシナジー効果を模索したのである．また，異業種間の企業（ブランド）対企業（ブランド）という新たな提携から生まれる新商品開発や互いに保有する顧客情報の共有化など，これまでになかったコラボレーションの事業行動も積極的におこなわれた．

（2）内的要因と戦略変更

① 未利用資源の有効利用

内的要因は，企業内部に留保された未利用資源の有効利用である．企業は事業を遂行することをとおして，ヒト（人的資源），モノ（物的資源），カネ（金融的資源），情報（情報的資源）などさまざまな経営資源をもっている．しかし，既存事業だけでは活用しきれていない余剰資源が蓄積している現実が存在する．この余剰資源を他の新規事業へ無償，あるいは低コストで転用することが可能であれば，大きな投資をおこなうことなく新規事業に参入することはより容易となり，大きな源泉に生まれ変わることができる．

アパレル企業の多角化では，特に重要な余剰資源といえるのは，店舗大型化にともなった物的資源である店舗内のムダな遊休空間および人的資源である余剰人員である．アパレル企業の飲食事業への多角化は，店舗内の遊休空間をカフェやレストランなどに転用するという戦略変更が迅速におこなわれ成果をあげている．これは飲食事業に転用可能な店舗空間やブランドのもつ消費者の感性に語りかける，商品特性が大きく影響していると考えられる．

② 目標と実績のギャップ

目標到達のギャップという内部要因も指摘できる．目標到達ギャップとは，企業が収益や成長の目標値などを定め，実際の達成水準とどの位乖離している

のかを示すものである．目標の期待値と実際の達成値との間に生じるマイナスのギャップが存在した時，そのギャップはマイナスの目標到達ギャップという．企業はこれまでどおりの行動ではマイナスの目標到達ギャップを補填することができないと分かれば，おのずと戦略を変更することになる．アパレル企業の都心好立地にある大型店舗では，さまざまな固定・変動経費が高く，必然的に求められる売上予算という目標値も高い．多くの大型店舗は，不確実な消費者ニーズの変化や多様性に翻弄され，売上予算未達成が連続することから目標到達ギャップを生み出し，店舗の経営基盤そのものが揺らぎ，見直しを迫られることになる．大型多店舗化という量的拡大依存型の成長戦略をとってきたアパレル企業は，抜本的な戦略変更を余儀なくされたのである．こうしたマイナスの目標到達ギャップを埋める処方策として取り組んだのが，カフェレストランなど飲食事業への多角化戦略であった．

③ 蓄積された顧客情報

アパレル企業は，これまでの店舗運営をとおして，膨大な顧客リスト情報が内部に蓄積されている．この蓄積された顧客情報の存在が，多角化を誘発する一つの内部要因になっている．店舗での接客は，徹底したワンツー・ワンの個別対応が多く，商品とともに接客サービスが重要な差別化戦略となっている．優秀な販売員は固定客を確保・維持していくために，顧客との間にロイヤリティといえるほどの強い人間関係を築いていることが多い．顧客が求める多様なニーズを取り込み，可能なかぎり店舗内でそのニーズを吸収しようとする買い回り誘導行動が飲食事業参入への内部要因となっている．

8-3　多角化の導入プロセス

前章の多角化戦略の外的・内的という2つの要因によって，アパレル企業は飲食事業への多角化を推進することになった．しかし実際に企業が内的要因と

外的要因をどのように認識し，どのような多角化行動への意思決定に結びつけていくのかは決して画一的ではない．そこで，本章ではいくつかの形態に分けて検討を加えることにする．企業が実際に多角化を進める動機は，外的要因と内的要因を多角化導入の意思決定に結びつけるプロセスであり，以下の3つに類型化することができる（吉原・佐久間・伊丹・加護野 1984）．

（1）問題発生型

このタイプの多角化は外的要因としてあげた外部環境の変化で，特に消費者ニーズとして，価格，品質，個性という三点志向がマス市場を新たに形成したことに誘因される．Knight（1967）は多角化行動とイノベーション（innovation）との観点からアプローチを試みた．企業が外部環境の変化によって業績が低下すれば，不満足が生じることになり，その対応策として製品市場においてイノベーションといえる多角化がおこなわれることになる．この形態の特徴は，企業を多角化へ進ませるような外部環境の変化があればこそ，多角化への意思決定判断がおこなわれるという受動的な意味合いがあることである．それゆえ多角化に必要なさまざまな経営資源が十分に蓄積されない状況で実行されることになり，結果的に失敗するケースが多いことが指摘される．

（2）経営資源適応型

Penrose（1959）は企業内部に蓄積された未利用資源の有効利用しようとする意思決定から企業の多角化が推進されると指摘した．この資源適応型多角化は未使用資源である，ヒト，モノ，カネ，情報などの経営資源を新規事業へ無償，または低コストで転用しようとする試みである．問題発生型の多角化と比較して，調達すべき大きな投資は特に必要がない．また，その意思決定が外部環境の変化に影響されたものではなく，直接的な関連もないため，適時に迅速的な判断をおこなえばすぐに多角化がおこなえる特徴がある．

アパレル企業は，事業特性といえるモノ（店舗）やヒト（販売スタッフ）という経営資源を多く保有している．さらに物販サービス業という観点からみれば

対面接客による接客術のノウハウも蓄積されている．特に大型店舗の場合，物的資源である店舗内のムダな遊休空間および人的資源の余剰人員がある．飲食事業への多角化は，この店舗内の遊休空間をカフェやレストランなどに転用することから多角化が始まり，この意思決定プロセスが迅速におこなわれたことにより，新たな価値創造という成果をあげている．

（3）企業家型

　企業家は，自社の経営戦略を策定するにあたって，事業の競争優位の獲得と持続をめざし，どのような事業を選択すべきかを考える．経営戦略とは，どのような事業をおこなうべきかという意思決定（戦略的決定）とその事業を継続的に遂行するために何をすべきかの意思決定（戦術的決定）のことをさす．特に戦略的決定をおこなう場合には，市場成長が見込まれる事業領域と外的環境変化の予測分析をおこない，有望な事業に進出しようとする企業家精神に富んだ資質が重要である．従って，外部環境に大きな変化が起きる前に，多角化をおこなうことは問題発生型とは異なり，多くの未使用資源を経営資源として蓄積している資源適応型の多角化とは違うといえる．このようなタイプを企業家型の多角化といえる．

8-4　多角化への企業組織

　企業は，多角化を具体的に進めるにあたって，有効かつ効率性の高い組織を編成することが重要となる．アパレル企業の多角化については，保有するブランド価値をどのように多角化戦略の中でストーリーとして上手く結びつけることができることが成功の鍵となる．まず，プロジェクト形式で編成されるチーム組織は，ブランド力を活かした戦略と具体的な事業内容との最適化をめざすことがミッションとなる．そして，注力しなければならないことは，多角化を進める事業組織を本社からスピンオフ（spin off）させた分社型なのか，あるい

は社内のガバナンスを効かせる事業部制組織（divisional organization）かという選択である．

（1）分社型

分社型とは，会社組織の一部を切り離して新しい会社を設立することや，新しく異質の事業を始めるために新会社を設立することをいう．このように分社化することにより，①不確実性の高い新事業を別会社として運営することにより本社のリスクをヘッジできる，②組織単位が小さいため組織内のコミュニケーションや意思決定が柔軟で迅速である，③独立した組織として運営されるため，組織構成員の動機づけがしやすく，モチベーションも高い，などのメリットがある．また，事業の独立採算制と意思決定の分権化に特徴があり，多角化企業はこの分社型組織というグループを編成することによって，各企業の事業領域を確定させ，さまざまな権限を委譲することで自律性を与えている．

神戸のアパレル老舗企業であるジャヴァグループは，持ち株会社ジャヴァホールディングスを中心として，ブランド事業を担当する部門が本社組織の事業部制ではなく，制度上独立した組織で7社によるグループを形成し，すべて本社ビルに同居している．ジャヴァは1964年細川数夫によって創業され，1970年から保有するブランドを次々と分社化させ，当時アパレル業界では最先端の分社型組織によるビジネスシステムを構築した．また，婦人服専門メーカーでありながら，いち早く関連事業領域である子供服事業へ分社型による多角化を進め，この成功によりジャヴァグループは一躍全国的な有名企業となった．このジャヴァの分社型多角化戦略は，成功モデルとして，多くの同業他社も追随することになった．現在では，分社型組織を成功させたアパレル企業として，グループ連結売上高は451億9300万円（2014年3月期），従業員2454名の日本でも有力なアパレル企業の一つに成長している．

（2）事業部制組織

事業部制組織は，本社（Head）と複数の独立事業部（Branch）から構成され

る組織である．事業部は，製品別と市場別にその担当業務の業績に責任をもたなければならない．各事業部は他の事業部から独立していることが組織として第一原則となる．Drucker (1954) はこのような事業部制組織が独自の市場と製品を有し，その損益にまで責任をもつ，自立的な製品別事業に，経営活動を組織化することを「連邦制分権化」と呼んだ（中橋 2001）．多角化にコミットさせる製品別事業部の場合，その事業遂行について，最初から終わりまで，つまり自己完結した機能を権限委譲されることになる．また事業部は独立採算であることも求められる．すなわち，各事業で生み出される業績は各事業部に委譲した権限を使った活動の評価としてみなされるのである．本社では，全社の経営戦略と目標を立て，各事業部にヒト・モノ・カネ・情報という経営資源をどのように効果的に分配するのかということを集中的におこなう役割を担う．

　アパレル企業の多角化戦略では，新規事業のスタートアップ段階において，この事業部制組織を採用し，その後，新規事業の規模の拡大とともに分社型へと移行させることが多い．

　たとえば「SAZABY」や「Afternoon Tea」などのブランドでバッグ・アクセサリー・生活雑貨・衣料品などの企画・販売をおこなっている株式会社サザビーリーグは，アパレル企業の中でも事業領域の拡張による多角化戦略を成功させたことで注目されている．本来は1972年家具の輸入家具の卸販売事業を目的として設立されたが，1981年家具と関連した生活雑貨事業と店舗内に「トレンディで上質な」というコンセプトのカフェを併設した複合型物販サービス事業「Afternoon Tea」第1号店をオープンさせた．当時は，本社事業部制組織による独立採算システムを導入し，高感度でオシャレな顧客層の圧倒的な支持を獲得し，瞬く間に全国に店舗網を確立させた．1985年新たな多角化戦略として，生活雑貨との関連事業として「ライフスタイル提案」のコンセプトのもと，アパレルブランド「SAZABY」，1990年アクセサリーブランド「agate」を発表し，ここで家具・生活雑貨・カフェ・アパレル・アクセサリーという5事業部制に組織化されることになった．1994年には，スターバックス（STARBUCKS）コーヒーが日本進出するに際し，「Afternoon Tea」で成功を収めて

表8-3　主な国内アパレル企業の飲食事業を中心とした多角化事業

企業名	事業	主な商品	組織	アパレル事業との関係
ベイクルーズ	フード飲食	カフェ	事業部制	併設複合型
		ハンバーガー	事業部制	独立
		カレー	事業部制	独立
	エステサロン	エステ	事業部制	独立
オンワード樫山	ホテル	グアム	分社型	独立
	ゴルフ場	国内外3カ所	分社型	独立
	レストラン	フランス料理	分社型	独立
マッシュホールディングス	スイーツ・飲料	飲食	分社型	独立ブランド名使用
	スイーツ・飲料	オーガニック飲食	分社型	独立ブランド名使用
アーバンリサーチ	フード飲食	カフェ	事業部制	併設複合型
ナノ・ユニバース	レストラン	フランス料理	事業部制	併設複合型
	フード飲食	パン・ジュース他	事業部制	併設複合型
サマンサタバサ	スイーツ・飲料	ケーキ，ラスクカフェ	事業部制	併設複合型
ビームス	スイーツ・飲料	ソフトクリーム	事業部制	独立
ユナイテッド・アローズ	フード飲食	カフェ	事業部制	併設複合型
ワールド	レストラン	フランス料理	分社型	独立

出所）筆者作成.

いる同社へ日本総代理店のオファーが舞い込んできた．そこで新たな多角化事業として，社内にスターバックス事業部を設置した．1995年には株式保有率41.1％で米国スターバックス本社と合弁企業スターバックスコーヒージャパンを設立し，日本市場におけるスターバックスブランドの価値創造に大きな役割を果たした．しかし，2014年米国本社へ保有株式を約550億円で売却することになった．その後，レストラン事業，ファッション関連ブランドの多角化戦略を推進していった．同社は各事業部の売上規模が50億円に達成した段階で，分社型へ移行させるという経営戦略をとっており，事業部制と分社制のメリットを認知しながら，うまく使い分けた企業といえる．同社以外で飲食事業を中心に多角化を推進させているアパレル企業は，表8-3のとおりである．

　㈱マッシュスタイルラボは，人気ファッションブランド「gelato pique（ジェラート ピケ）」や「snidel（スナイデル）」などを展開し，国内外で急成長しているアパレル企業である．2013年8月に同社をコア企業として，株式会社マッシ

ュホールディングスを設立し，持ち株会社としてホールディングカンパニー制に移行させた．筆者がこれまでに同社に関して注目した点は，①CG（computer graphic）アニメーション制作企業からファッション事業へ異業種参入して成功したこと，②市場収縮が顕著なファッション市場において，わずか10年間で売上高ゼロから有力企業へ急成長したこと，③CG事業の経験価値の強みを生かしたプロモーション活動，などがファッション事業の大きな成長の駆動力となり，これまでにないビジネスモデルとして新規性があげられる（大村 2012）．株式会社マッシュホールディングスは，新会社を含む事業会社7社で構成され，売上高規模はグループ全体で約430億円（2014年8月期）となった．代表には創業者である近藤広幸が就任している．今回の分社化への移行で，コア企業であった㈱マッシュスタイルラボはファッションに特化した企業として再編されることになった．また，これまで事業部制組織であったCGとWEBの2つの事業は新たに分社化させ，近藤の共同創業者でホールディングス副代表である畠山広文が社長を務める㈱マッシュデザインラボを設立させた．また，すべてのマッシュグループの商品資産管理のほか，新たな多角化戦略としてアウトレット事業を開発・運営する㈱マッシュセールスラボ，スポーツフットウェアとスタジオスポーツウェアを中心とした㈱マッシュスポーツラボ，オンライン・ショッピングモールを展開する㈱ウサギオンラインを新たに法人会社として設立させた．また設立当初から分社型企業としてオーガニック化粧品「Cosme Kitchen（コスメキッチン）」を運営する㈱マッシュビューティラボとカフェレストランなどの開発・運営を手掛ける㈱マッシュフードラボは，グループ企業に加わることになった．グループ概要は図8-2のとおりである．グループ企業の株式すべては，ホールディングス代表の近藤が100％保有することになり，グループトップの経営責任を明確化にさせた．そして各グループ企業との距離感が近い分社化による「スモールカンパニー」を実現させ，個々のグループ企業がそれぞれの目標に向けてスムーズに機能する体制を整え，各事業の更なる成長に繋げていくという企業経営をめざしている．近藤は今後5カ年計画でグループ連結売上高1000億円という目標を掲げている．

```
┌─────────────────┐
│  MASH holdings  │
└────────┬────────┘
         ▼
╭─────────────────────────────────────────────╮
│ ・mash style lab（アパレル事業）              │
│ ・mash design lab（CG・WEBマーケティング・グラフィック事業）│
│ ・mash beauty lab（オーガニックコスメ事業）    │
│ ・mash sales lab（商品管理・アウトレット）     │
│ ・USAGI ONLINE（eコマース事業）              │
│ ・mash sports lab（スポーツファッション）      │
│ ・mash food lab（飲食事業）                   │
╰─────────────────────────────────────────────╯
```

図8-2　グループ概要図

出所）マッシュホールディングス公式HP（www.mash-holdings.com/）
　　　を参考に筆者作成.

むすびに

　本章は，アパレル企業の多角化戦略を分析するために必要ないくつかの理論的枠組について検討してきた．事業の多角化は，企業の意思決定の結果であり，意思決定に影響したさまざまな外的・内的な背景要因が存在していることが理解できた．問題は，その背景要因を経営者が危機感，あるいはミッションと位置づけて愚直に考え，企業家型の導入プロセスをたどって意思決定したのかが重要なテーマであることを発見した．サザビーリーグは当初から多角化を意図し，家具事業と関連した生活雑貨事業をスタートさせ，さらに店舗内にカフェを併設した3つの事業体を組み合わせた複合型物販サービス事業という新たな価値を創造するビジネスモデルを生み出した．この組み合わされた事業の一つ一つがお互いにシナジー効果を発揮する．つまり，消費者からみて，連続的なストーリー性が明確であるがゆえに，受け入れられたのではないかと考えられる．

　このようにアパレル企業の多角化戦略の意思決定は，既存事業と新規事業とを連鎖させるストーリー性が非常に重要となり，成功するか否かのターニング

ポイントになるといっても過言ではない．しかし，さまざまな議論の中で，多角化戦略をおこなうための理論性をもつ包括的な分析枠組を明示するまでには至っていない．

アパレル企業の多角化は，これまでの代表的な大型流通企業や製造企業を対象とした多くの先行研究だけでは，捉えることができない．あるいは，アパレル企業とは，本質的にそれらと異なったステージのもとで展開されてきたとも考えられる．ゆえに，アパレル企業の多角化戦略は，独自の観点と概念をもって，顧客のロイヤリティ（loyalty）の源泉であるブランド価値という目にみえない経営資源という視点も加えて研究がなされなければならない．

今後さらにアパレル企業の多角化がブランド価値のプラス連鎖がシナジー効果を生み出すという新たなアプローチにより，戦略論でいう競争優位のビジネスモデルの創出へ結びつくことになっていくことだろう．このブランド価値を活かした競争優位の多角化を理論的に体系化することがこれからの課題となってくる．

[付 記]

本研究は阪南大学産業経済研究所助成研究(A)2013 - 2014年度「アパレル企業の最新ビジネスモデルに関する研究」の研究成果の一部である．

注

1) INDITEX 社（Industrias de Diseño Textil, S. A.）

スペインのガリシア州ア・コルーニャに本社を置くファストファッションのアパレル企業である．創業者アマンシオ・オルテガ（Amancio Ortega Gaona）氏は2013年フォーブス世界長者番付 5 位である．マドリード証券取引所上場企業しており，2014年 1 月末現在で全世界に6009店舗で総売上高229億2000万 US ドル（約 2 兆5000億円：当時換算レート108円）であり，世界衣料品専門店売上ランキング第 1 位．主要ブランドはザラ（ZARA）で同社売上高の75％を占めている．その他マッシモ・ドゥッティ（Massimo Dutti），ベルシュカ（Bershka），オイショ（Oysho），ストラディバリウス（Stradivarius），プル・アンド・ベア（Pull & Bear），ザラ・ホーム（Zara Home）などのブランドを展開している．

2) Benetton 社（BENETTON, spa）

1965年にトレヴィーゾでルチアーノ・ベネトン（Luciano Benetton）により創業．現在はイタリアを代表する国際企業の一つである．ユナイテッド・カラーズ・オブ・ベネトン（UNITED COLORS OF BENETTON）をトップブランドにシスレー（SISLEY），プレイライフ（Playlife），キラー・ループ（Killer Loop）などのブランドを展開している．グループ企業にはスキー用品で有名なノルディカ，ローラーブレード，イタリア高速道路社アウトストラーダおよび高速道路のサービスエリアから展開したレストランチェーンの「アウトグリル」（Autogrill）などがある．

3）LVMHグループ（Moët Hennessy & Louis Vuitton S. A.）

　1987年に，ルイ・ヴィトン社（1854年創業：服飾皮革製品）とモエ・ヘネシー社（1743年創業：酒類製造販売）が合併して誕生した．経営戦略は，ポートフォリオ・マネジメントを採用し，5つの事業部門（① ワイン・スピリッツ，② ファッション＆レザーグッズ，③ パフューム＆コスメティクス，④ ウォッチ＆ジュエリー，⑤ セレクティブ・リテーリング）からなる多様なブランドを傘下に収めている．現在はフランスやイタリア，スペインなどのヨーロッパを中心に35社61の高級ブランドを持つほか，免税店のDFSなどを傘下に収めている世界有数のコングロマリット企業である．

4）ジョルジオ アルマーニ（GIORGIO ARMANI S. p. A）

　イタリアを代表するファッションデザイナーの1人で，ミラノを基盤にコレクションを持つジャンフランコ・フェレジャンフランコ・フェッレ（Gianfranco Ferré）とジャンニ・ヴェルサーチ（Gianni Versace）と共に「ミラノの3G」として有名．1934年イタリアのピアチェンツァに生まれる．ミラノ大学医学部に入学したが，兵役後は医学の道に戻らずビジネスの世界に進む．1957年から194年までミラノの百貨店「ラ・リナシェンテ」でウィンドウドレッサー・バイヤーを務める．消費者の求めるデザイン・素材に詳しく，また生産工程流通に詳しく豊富な知識のあったアルマーニは，スカウトされたことを機に，1965年にセルッティのメンズウェアのデザイナーに就任．ニノ・セルッティから多くのデザインテクニックを学んだ．1970年独立しフリーデザイナーとなり，紳士服デザイナーとして数社の仕事をこなす．1975年セルジオ・ガレオッティと共にジョルジオ アルマーニ社を設立．これまではメンズデザイナーとして活動してきたが，このとき初めてレディースのデザインもスタートさせる．紳士服の機能性を応用し，女性らしい雰囲気，贅沢な素材と美しいシルエットに着心地の良さを追求し，絶妙なカッティング技術で一躍脚光を浴びることになった．時代背景がキャリアウーマン時代を迎えようとしていた米国のバイヤーやファッション誌の注目を集めた．1979年，エレウノのデザイナーに就任．1981年，ディフュージョンライン「エンポリオ・アルマーニ」を発表．同年，「アルマーニ ジーンズ」も発表．

　アルマーニは「ジャケットの帝王」等と呼ばれて，モード界の最先端に位置．完璧主義者として有名で，「マエストロ・ディ・マエストロ」（巨匠中の巨匠）と呼ばれ，独自の荘厳なスタンスを展開している．映画衣装も多数手がけ，数々の映画に衣装提供し，アカデミー賞ではジュリアロバーツ，ミラ・ソルヴィーノ，リチャード・ギア等，多くの俳優がアルマーニの服を着ている．

5）ブルガリ（BVLGARI）

1884年創業の高級ジュエリーブランドとして有名．その細工の妙は，同じ形のモチーフを精巧に重ねて壮大な建物に仕上げるというギリシャ建築の手法にヒントを得ており，カラーバリエーションの華やかさはファッションへの造詣の深さと，抜群のセンスから生まれたものといわれている．有名なブルガリスタイルは20世紀初頭の宝飾界を支配していたアール・デコ，アール・ヌーヴォー，ロココといったフランスの宝飾様式を離れ，ギリシャやローマの古典主義の作品である．ペンダントヘッドなどのモチーフとして多用されるゾディアック（星座）は，ギリシャ神話がそのルーツとなっている．

　代表作としては，ゴールドやシルバーの素材をコイル状に巻くという工芸技術を用いたトウボガスラインや，蛇をモチーフにしたスネークリング，括弧をモチーフにしたパレンテシ，オニキスなどの宝石をはめ込んだブルガリ・ブルガリシリーズがあげられる．1906年時計の製造を始め，ブルガリはヨーロッパの上流階級に洗練されたタイムピースを届けていたが，本格的に製造を始めたのは1970年代後半になってからである．1977年，現在でも世界中で人気を誇る最初の腕時計のシリーズ「ブルガリ・ブルガリ」を発表した．デザインに関しては時代を大きくリード，装飾要素としてのロゴを他に先駆けて使用したのも特徴の一つである．

　1980年には，腕時計分野に本格的に参入するため，スイスに腕時計製造専門のブルガリ・タイム社を設立し，複雑で精巧な時計の自社一貫製造を手掛けることができることも世界でも数少ないブランドの一つとなっている．コレクションは，ディアゴ，，アルミニウム，レッタンゴロなど，エレガント且つスポーティーな雰囲気の商品を次々と投入し，世界を席巻することになった．宝飾品に比べ腕時計製造の歴史は浅い，，その洗練されたデザイン力が高く評価され，本格参入から20余年の間に，時計ブランドとしても知名度を獲得している．

　現在では時計，宝飾品はもちろん，香水，アイウェア，ホームウェア，バッグ，ホテル業とブルガリは総合ラグジュアリーブランドとしての地位を確立している．

6）サマンサ タバサ（Samatha Thavasa）

　1994年バッグの輸入販売をおこなっていた寺田和正氏（現代表取締役）が株式会社サマンサ タバサジャパンリミテッドを創業．同年渋谷パルコに1号店出店する．ピンクやブルーを基にしたバッグは価格帯の値頃感もあり，たちまち大評判となり，一気に多店舗展開をおこなう．2003年ジュエリー事業に参入．バッグとのシナジー効果とヒルトン姉妹やビヨンセ，ヴィクトリア・ベッカム，シャラポアとのコラボレーション広告により人気を博し，業界で不動の地位を獲得する．2005年マザーズに上場し，同年アパレル事業とスポーツ事業に参入する．また，2012年には，スイーツ事業やエアターミナル内にバッグとカフェの複合店舗を出店し，本格的な多角化複合企業をめざしている．2014年2月期売上高285億円となっている．

7）ビームス（BEAMS）

　1976年に設立された，主にオリジナルのファッションアイテムを販売する日本で代表的なセレクトショップである．BEAMSの始まりは，新光紙器株式会社（現新光株式会社）がオイルショック時に本業が不振になり，多角経営の一環としてアパレル事業を並行してはじめたのがはじまりである．現在，全国で144店舗以上，海外12店舗を持ち，

「BEAMS」,「International Gallery BEAMS」,「Ray BEAMS」など9種類の人気ブランドを展開し,売上高612億円（2013/2）となっている.
8 ）ユナイテッドアローズ（UNITED ARROWS）
　　日本を代表するセレクトショップ,およびそのオリジナルブランド.1989年元ビームス常務の重松理氏たちが大手アパレル企業であるワールドの支援を受け立ち上げた.会社名は,毛利元就の「三本の矢」の考えを根底にした「束矢理念」に由来する.ファッション感度の高い層をターゲットとし,自社デザイナーがデザイン・プロデュースした衣類や小物などを全国の直営店で販売する他,海外の衣類や装飾品,小物類の輸入・販売も手がける.また,セレクトショップ運営会社としては,唯一の株式上場企業（東証一部）である.現在,全国190店舗を持ち,売上高1066億円（2013/3）となっている.「UNITED ARROWS」「Another Edition」など22ブランドを展開している.
9 ）シナジー効果（synergy effect）
　　異なる事業間の結合効果のこと.全体が部分の単純合計よりも大きくなることを意味している.シナジー効果があるときには,一定の成果をあげるために投入される資源を結合効果がない場合よりも少なくてすむことができる.同一の資源を投入すれば,より大きな成果が期待できる.それゆえに,シナジー効果は,新たな事業展開の根拠を与える.
10）規模の経済（economies of scale）
　　生産規模が拡大され,産出数が増加することに伴って,一単位の製品やサービスを産出する平均費用が低下すること.同時に,生産量の増加によって固定費用の負担が分散されるため,生産以外の機能でも,規模の経済は発生するとされる.発生要因としては,生産量が増加しても固定費が変わらない,あるいは必要とする労働量がさほど増加しないことなどがある.
　　また規模の経済は分業を高度化させ,専門化を促進させる.この理由としては,生産量が増えたことで,従業員が従来よりも活動の関心を限定することができ,専門性の高い技術を身に付ける可能性が高まることが挙げられる.また熟練労働者には高い賃金を要するため,それなりの生産量がなければ,それを補えないという側面もある.加えて,規模の経済は,特定の業界内において利益を出すことのできる企業数の上限を決める要因にもなる.

第9章

日本のファッションが新たな市場を創る
——顧客ニーズから生まれたライフスタイルビジネスとは——

はじめに

　近年の日本におけるビジネス環境は，アベノミクスやインバウンド効果による爆買いなどによって景気回復の期待値が高かった．しかし，世界のさまざまな不安定要素によって，その影響がすぐに経済活動へ敏感に影響を与えるなど，ますます不確実な環境下であるといえる．また，顧客の求める価値，つまりニーズやウォンツには移ろいやすい多様性と消費の成熟化という大きな障壁がある．しかし，その中でうまく環境適応させビジネス領域を拡張させながら，成長しているファッション企業がある．その要因は，自らが持つブランド価値を巧みに活用させながら，本業以外の事業領域へ進出していることが大きな特徴となっている．一般的にはこのような行動を企業の多角化というが，これまでの多角化とは異質である．たとえば，2010年頃からアパレル企業が積極的にスポーツやフード・スィーツ事業に参入したり，海外のカフェやフードと合弁会社を設立し，新規事業として全国展開するなど，多くの成功事例が見られるようになってきた．その成功要因は，ファッションビジネスで培った競争優位のブランド価値やノウハウを活かして，自主運営を基本とした経営戦略で新しい市場を創造していることである．ただ単に，ファッション＝衣料品を売るのでなく，顧客のライフスタイル（lifestyle）全体を提案し，さまざまな業態を複合

的に組み合わせた，まったく新たなビジネスモデルが構築されようとしているのである．

　本章では，この新たな市場を創造している，ブランドの価値連鎖といえるライフスタイルビジネスに焦点をあて，その実態についてさまざまなアプローチから議論していく．

9-1　ライフスタイルの概念

　ライフスタイルは，衣食住に関する選択の結果という単なる生活様式や行動様式だけでなく，人生観，価値観，習慣などを含めた個人の生き方やアイデンティティーなども含まれ，広範囲な概念として考えられる．学術的な文献をレビューすると社会学，心理学，マーケティングという側面からのアプローチがあり，研究領域が広く，概念もそれぞれに異なり，多義的であるといえる．

　ライフスタイルの概念は，米国の社会学者によって，主に社会階層，あるいは社会的地位との関連性において議論されてきた．Weber (1905) は，社会階層を経済的区分だけで考えることはきわめて不十分であるとして，社会階層の「生活様式」「生活態度」「人生観」などの心理的かつ精神的要素から考察した．社会階層を理解するためには，財の消費や教育方法，価値観や生活態度といったさまざまな要素をもつ生活者としての側面から，「階層の内部で共有された複合的なパターン」としてライフスタイルを定義づけた．Duncan (1969) は「集団に属する人々にとっては同調すべき規範であると同時に，それを代表するシンボルを意味することがライフスタイルである」と述べた．Feldman and Thielbar (1972) は，米国社会の多様性と内包する類似性を整理するために「ライフスタイル」という概念を活用した．彼らは，ライフスタイル概念のあいまいさを認めながらもライフスタイルを(1)一つの集団現象であること，(2)生活の多面的かつ多領域に浸透していくこと，(3)生きがい，または価値観を含んでいること，(4)いくつかの社会的変数に応じて変異すること，(5)アメリカ

ン・ライフスタイルは，米国文化と社会の反映であること，という5つの特徴から考察した．

心理学のライフスタイル概念としては，精神分析学者のAdler（1926）がライフスタイルは「目標へ向けての一貫した動きや人生のさまざまな問題に対して，創造的に対処する個人固有の行動である」という個人心理学という観点から考察した（仁平 2004）．

マーケティング領域におけるライフスタイルの概念は，意外と古くから研究がおこなわれてきた．1963年米国マーケティング協会（American Marketing Association）において，「ライフスタイルの影響と市場行動」をテーマにしたシンポジウムが開催されたことから始まった．そのシンポジウムでのパネルディスカッションにおいて，Lazer, Levy, Mooreの3人の研究者によってライフスタイル概念の定義について議論がなされた．

Lazerは，ライフスタイルをシステム概念として捉え，「ライフスタイルは，ある種の文化や集団の生活様式を，他の文化や集団の生活様式から識別するような特有の構成要素である．もしくは性質と関係し，一つの社会における生活の行動から発達し，そこに見られるパターンとして具体化することができる．従って，文化や価値観，資源，シンボル，ライセンス，サンクションとしての力の結果として表れるものであり，消費者の購買行動と消費行動も社会のライフスタイルを反映している．国民のライフスタイルや家族のライフスタイル，消費者のライフスタイル，さまざまな社会階層のライフスタイル，そして，ライフサイクルの異なる段階に位置する特定の集団のライフスタイルについて検討することが論理的である」と述べた．加えて，ライフスタイルはその段階的な構成要因の影響によって，個人レベルのライフスタイルだけでなく，社会や集団レベルまでライフスタイルの概念を広義に捉えた．

Levyは，対論として社会や集団レベルのライフスタイルではなく，個人のライフスタイルに焦点をあて，ライフスタイルは「動的な一つの大きな複合的なシンボルである」と捉えた．そして，「消費者は，自分自身を主張するため，いくつかの種類のライフスタイルを持っている．ライフスタイルとは，多くの

生活資源の組み合わせや個々の活動が暗示している下位シンボルから合成された大きな複合シンボルである．個人のライフスタイルは生活空間の認知や利用など特徴的なパターンと密接に関連している．つまり，個人のライフスタイルは，体系的にこれらの価値観との一致の中でその対象と出来事を処理するための働きをする」とした．そして，「個人のライフスタイル」は「自己概念」に近似した概念であると述べており，心理学的観点から個人レベルに焦点をおいて消費者の個人特性としてのライフスタイルを問題として論じた．さらに，「マーケターは，シンボルとして解釈できるアイテムを個々別々に売るのではない．むしろ，より大きなシンボルの要素，つまり，消費者のライフスタイルの部分や部品を売るのである」と述べ，ライフスタイルと製品シンボルとの関連性について指摘した．

Moore は，製品の計画と開発の観点からライフスタイル研究の重要性を指摘し，「家族のライフスタイル」について論じ，「ライフスタイルとは，家族成員がさまざまな製品や出来事，資源に合うように基づいて作られた生活様式を示唆している．そして，ライフスタイルは消費購買が相互に関係のある事象であり，ライフスタイルにもとづいて作られた現象である．そのため，消費者が製品を買うのは，ライフスタイル・パッケージの中身を満たすためである」と述べた．さらに，家族の周期変化によってライフスタイルが規定されると考え，「流動性のある家族のライフスタイルと購買行動」についての関連性も指摘した．このようにそれぞれ異なった観点からライフスタイル概念の定義づけをおこなったが，いずれも消費者のライフスタイルを想定したものであった．つまり，研究目的やアプローチの違いによって，個人や集団，社会階層，家族，地域社会，文化など社会全体の中で分析レベルを設定している．ゆえにライフスタイルについて議論する場合には，どのような分析レベルでライフスタイルを問題にするのかを明示することが重要となる．

これに対し，井関（1978）は，ライフスタイルの概念について，消費者から生活者への発想の転換に着目し，生活の維持と発展のための「生活課題」を解決し，充足する過程で，自らの欲求から動機づけられものである．そして自ら

の価値や信条，生活目標，生活設計によって方向づけられ，企業や政府，地域社会などが供給する財とサービス，情報，機会を選択的に取り入れ活用し，社会や文化的な制度的な枠組という制約のなかで，日常あるいは一生のサイクルをとおして，主体的に設計し，発展させていく．さらに，生活意識や生活構造，生活行動の3つの次元を含むパターン化されたシステムであると定義した．これを分かりやすくいえば「ライフスタイルとは，生活課題の解決や充足の方法である」といえる．

村田（1979）は，ライフスタイルの概念を「企業行動の対象である消費者は，消費行動をおこす前に消費意識があり，消費意識に助けられて消費構造のなかで行動が生まれてくる．すなわち，消費意識の具現化する形が，消費行動という形をとる」と考察し，このような消費行動や購買行動の根幹には，生活意識や生活構造，生活行動という3つの構成要素が存在し，生活構造と生活意識という2つの要素が相互に補完関係を保ちながら，生活行動を規定するシステムであると捉えた（仁平 2004）．

このようにライフスタイル概念は，研究目的や関心の違いによって，異なった定義づけがなされている．つまり，現状においては一つの明確な定義づけはなされていないため，これまでも概念の曖昧さが問題視されている．

9-2　なぜ，ライフスタイル型が注目されるのか

(1) ファッションのライフスタイル型ビジネス

近年，ファッションの本質が問われる時代といわれている．ファッション市場は低迷を続けており，見えない回復期といわれるほど暗雲たちこめる袋小路に入っている．このような状況では，原点に戻り，真の消費者の姿を見直すことが重要となる．つまり，現代社会の潮流からファッションの存在意義を問うことを考えねばならない．日本市場は，少子高齢化の影響から消費者のボリュームゾーンは団塊ジュニア層以降の年齢層が中心となっている（図9-1）．彼

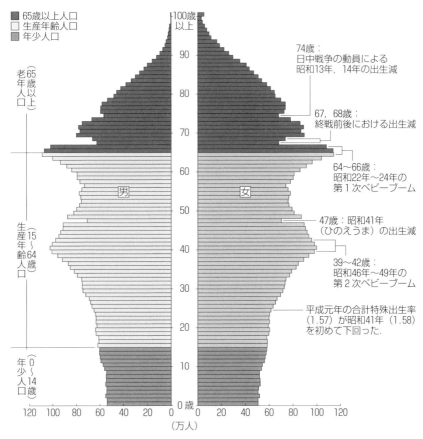

図9-1　日本の人口ピラミッド（2014年10月1日現在）
出所）総務省統計局ホームページより引用．

らの購買行動は，自らの感性や趣好のモノを自らの目をとおして少しずつ選別して，それらをコーディネート（組み合わせ）することに満足と価値観をもっている．そのニーズに応えるように衣料や雑貨，コスメ，自然派フードなどアイテムの枠にとらわれない多種多様な商品を取り扱うセレクトショップが増えてきている．このようなセレクトショップを一般的にライフスタイル提案型ショップという．このライフスタイル提案型はアパレル企業から生まれたのではなく，雑貨やインテリア，家具業界から波及してきたことが特徴としてあげられ

る．その後，アパレル業界にも伝播し，衣料品を中心とした大手セレクトショップが競争優位である感性，商品調達力とマーケティング力によって，消費者にダイレクトに訴えるライフスタイル提案型という新たな業態を開発している．消費者は慣れ親しんだブランド力のある認知度の高い店舗からの提案であるため，比較的スムーズに受け入れたのである．

ライフスタイル業態がファッションビジネスで注目されるようになった理由は，以下の要因が考えられる．先ず，日本社会は欧米型の成熟社会に入り，モノに対する価値観が所有から使用へ変化したことである．モノを持つだけではなく，モノが生活にどのように影響するかを考えはじめ，欧米風の質のよい生活スタイルを求めるようになった．たとえば，平日は都会で暮らし，週末は郊外で過ごすというダブルライフへの憧れ感も潜在的に強まっている．次に，欲しいモノを買うために店舗へいくという消費者行動自体が変化し，リアル店舗の役割や存在意義が問われ始めていることも指摘できる．その背景には，インターネットの高度化とスマートフォンの急速な普及により，世界中のオンラインサイトへ誰でもが簡単にアクセスすることが可能となり，「いつでも，どこでも，好きな時に，好きなモノを買える」という消費者行動が生成されたことがある．そしてオーバーストアーによる類型といえる店舗の過剰供給も大きな要因である．実際に，ここ10年間でアパレル市場規模は約1兆円も減少しているが，売り場面積は逆に30％も増加しており，業界全体の生産性低下が問題視されている．リアル店舗はこれまでのように単にモノ（商品）を販売するのでなく，何か高揚感やワクワク感を与える体験や発見の「場」という付加価値が必要となっている．あらためて，オムニチャネル戦略の重要性が不可避な時代となっていることが理解できる．

（2）ライフスタイル型ビジネスの実践

ライフスタイル提案は，取り扱う商品によってさまざまな方法がある．一般的に提案するためには，消費者ニーズに合致した品揃えをおこない，次に商品の組み合せによる生活シーンの設定をおこなう．そして消費者に向かってタイ

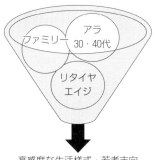

図 9-2 ライフスタイルビジネスのロジック
出所) 筆者作成.

ムリーに情報発信することが基本となる．そのためには，最新の顧客ニーズやウォンツを的確に把握するマーケティング戦略が極めて重要となる．ここで，ライフスタイル・マーケティングという考え方が生まれた．

　ライフスタイル・マーケティングは，特定のシーンをディレクターやMDが発信する世界観などの個人能力に左右されるイメージが強いが，基本的にはライフステージに焦点をあてたマーケティングの戦略といえる．ライフステージは，消費者のセグメントであり，たとえば若年層や30歳代（アラサー），40歳代（アラフォー），あるいはニューファミリー層，子供が独立したアダルト層，そして定年後のリタイア層など人生の各階段にフォーカスさせることで，「どのようなライフステージ」で「どのような生活シーン」をターゲットとするのかを決定することから始められる．そして，営業形態による分類，つまり顧客のセグメントや利用シーン，その来店頻度などによる顧客ありきのマーケットインの分類から業態の方向性が決定される（図9-2）．現代社会では高感度な生活様式を求める消費者層は，比較的若者志向が強いとされる．いい換えれば，志向のノンエイジ化であり，徐々に年齢区分は存在しなくなっているのである．

　また，ライフスタイルを提案する場合，重要となることは顧客が求める価値観の到達点を明確にすることである．価値観は多様化しているが，消費者が求めているものは，商品と顧客をつなぐストーリー（ものがたり）である．ストー

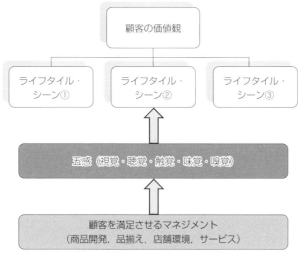

図9-3　ライフスタイルビジネスのフレームワーク
出所）筆者作成．

リーは，商品の担い手（企業や職人）が持つ歴史や，商品がめざすもの，商品編集者の想いなどを顧客の五感（視覚，聴覚，触覚，味覚，臭覚）に訴えかけ，さらに共感させることによって価値を共有したいと思考し，購買させることが可能となる．そのためには，提案するコンセプトを決定しなければならない．コンセプトは「顧客視点での商品（製品・サービス）の定義」であり，商品の性能やサービス基準とは異なる．つまり，提案しようとする商品と店舗空間，店内の香り，BGMミュージック，メニュー，ディスプレイ，什器，そして販売員の雰囲気と接客力すべてが，有機的につながることが必要となる．さらに，重要な因子として，顧客の得る便益そのものである訴求価値と，どのような場所や時間帯，目的で使われるか，さらにそれらの可能性を見る「使用シーン」が重要となる．この訴求価値と使用シーンは最終的に顧客の価値観となるため，常に合せて考える必要がある（図9-3）．

9-3　SCにおけるライフスタイルビジネスの進展

　日本ショッピングセンター協会の調査によると，2015年度末のSC総数は，前年から26店増加して3195店，総売上は前年比4.2%増加して31兆825億円，テナント総数は15万9131店にのぼり，SCの小売市場規模に占めるシェアは約24%に達している．しかし，業績が上がっているにもかかわらず，大きな課題も顕在化してきている．アパレル企業は，SCへの店舗数を増加するさせることは，収益の担保である保有するブランド価値や世界観のブレや陳腐化に連鎖すると考えて，ブランドの多角化をおこなってきた．その多角化は，顧客ターゲットをさらに細かくセグメントし，セカンドライン[1]による新ブランドやSC向けの新業態での開発である．消費者から見れば，初めて見る新ブランドが急激に増え，そのブランド価値や訴えかける世界観も理解できなくなってしまった．結果としてブランドが細分化されたことによって，売上の分散化が起こり，ワールドやオンワード樫山，三陽商会など主要大手アパレル企業は急遽不振であるブランドの統廃合を積極的におこなっている．このような状況下SCは，ディベロッパー[2]として独自の綿密なマーケティング調査をおこない，顧客ニーズと購買動機を導き出し，ここ数年衣料品を中心としたアパレル企業への依存度を徐々に低減させてきた．そして，「美と健康」をキーワードにフードや雑貨，自然派化粧品などライフスタイル提案型の店舗を誘致している．図9-4に示すように直近5年間でファッション衣料は15%以上店舗数が減少し，雑貨・アクセサリーやフードカフェ，コスメなどがその減少分を補填している状況になっている．つまり，売場構築をかなり早い段階で衣料品中心の業態からライフスタイル型へ転換させていたことがわかる．消費低迷の中でSCが唯一成長を維持しているのは，常に消費者動向に目を光らせ，マーケティングによる市場分析と実践力であり，凋落著しい百貨店との格差が広がるばかりであると指摘できる．

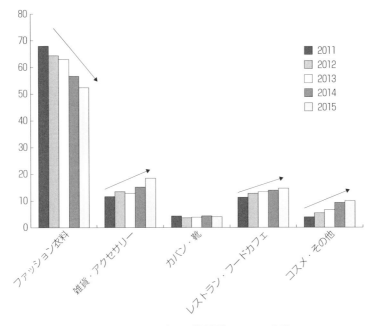

図 9-4　ファッションビルの業種別テナント変動（5 カ年）
注）天王寺ミオ・心斎橋 OPA・新宿ルミネ・渋谷パルコ・ラフォーレ原宿・ルクア大阪・グランフロント大阪　7 カ所定点観測．
出所）筆者作成．

9-4　ライフスタイルビジネスの成功

(1) ロンハーマン (Ron Herman)

　ライフスタイルを提案するビジネスモデルを確立したのは，米国ロサンゼルス・ハリウッドにあるセレクトショップのロンハーマンといわれている．フレッド シーガル (FRED SEGAL)[3] の名バイヤーであったロンハーマンは，1976年ロサンゼルス・メルローズアベニュー（ハリウッド）にセレクトショップ Ron Herman を設立した．彼は，店舗コンセプトを「California Style of Life」として，一貫してコンセプトに沿った商品提案を続けている．ロンハーマンは「フ

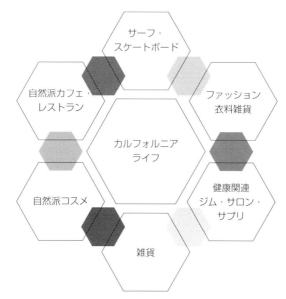

図9-5　ロンハーマンのライフスタイルビジネス
出所）筆者作成.

ァッションとは愛にあふれ，刺激的で楽しく，自由であるべきだ」という理念のもと，店舗空間も天井が高く，太陽の明るい陽射しが入るようなリラックスした空間を再現し，店舗を訪れるすべての顧客がリラックスしながら，ファッションなどを楽しめるような環境を創造した．同社のコア商品は，サーフボードやスケートボードであり，ボードスポーツに関連した商品が数多く配置されている．そして，真っ黒に日焼けた肌に合うような優しい自然素材やカラーバリエーション，そしてスタイリングはカジュアルからファーマルまで，すべてのライフシーンで楽しめるような提案を常におこなっている．取扱い商品は，メンズ・レディース・キッズ衣料やアクセサリー，日用雑貨品，自然派コスメティック，オーガニックフード，自転車，スケートボード，ミュージックCD，書籍など充実した品揃えになっている．最近では，SPA化による自社ブランドを中心とし，補完的に世界各国からセレクトしたブランドのアイテムを展開している．また，店内には自然派オーガニック食材をベースにしたカフェレス

トランを併設し，加えてスポーツジムからトリートメントサロン，健康増進のサプリメント販売までおこなっている．その高感度にセレクションされたロンハーマンの商品群は，男女を問わず多くの富裕層やファッション感度の高い顧客層に圧倒的な支持と信頼を獲得している．現在，事業規模は西海岸を中心に15店舗を運営しているが，セレクト専門店という競争優位性を維持するため，あえて米国内の出店は抑制している．

（2）株式会社サザビーリーグ（SAZABY LEAGUE）

サザビーリーグは，1972年鈴木陸三によってヨーロッパのユーズド家具の輸入販売からスタートした．現在の主力業態の「アフタヌーンティー（Afternoon Tea）」「サザビー（SAZABY）」など自社ブランドに加えて，海外ブランドを数多く扱い，2016年度売上高規模は984億円となっている．また，ファッション業界でもいち早く企業方針で「ひとつ先のライフスタイル」を標榜している．社名のサザビーリーグの「リーグ」にはこだわりがあるという．鈴木は「社内には多彩な事業をやっているチームが存在し，各々のフィールドで自分がメジャーリーグになるという人が集まって，ポジティブな競争をさせることにより新しい視点が生まれる．会社には，自分で夢をみて，試そうという人にチャンスを与える．前向きな消費者にサザビーリーグが応えていくためには，社員が仕事を作業ではなく，楽しまないといけない」という思いからリーグを社名としている．

創業当初は，輸入家具業者であったが，すぐにバッグ袋物の企画製造販売に進出し，バッグのオリジナルブランド「SAZABY」の販売を開始した．当初は百貨店や専門店に卸売をする営業活動をおこなっていた．1981年生活雑貨とティールームを複合したオリジナルブラン「Afternoon Tea」の直営1号店を開店した．店内のインテリアや什器は，家具専門業者のノウハウを活かした，これまでの喫茶店にはない感度の高い内装で，特にインテリアは女性が好むものにこだわったことにより，たちまち女性を中心に口コミで人気を博すことになった．さらに，1985年事業内容の拡大戦略から卸売が中心であったバッグの

オリジナルブランド「SAZABY」の直営店舗の販売を開始し，その後全国展開をおこない急成長した．

　サザビーリーグの特徴は，多彩な事業部制[4]（Divisional Organization）によるブランド戦略である．同社が取り扱う，Ron Herman や Afternoon Tea，agete（アガット）などは「衣食住」のカテゴリーを超えており，ライフスタイルに関わる約30のブランドを展開する事業会社となっている（図9-6）．創業当時から「半歩先のライフスタイル提案」を掲げており，単に商品を販売するのではなく，一人ひとりの消費者としての目線から顧客に新しいライフスタイルや心地よい空間などを提供することを実践してきた．また，不確実性の高い時代背景やファッションビジネスの変化に環境適応しながら，ブランドの「スクラップ＆ビルド」をおこなってきた．この積極的かつ多角的なブランド戦略がサザビーリーグの成長要因の一つであるといえる．日本では，同社のように多ブランド化の戦略で「衣食住」というライフスタイルをビジネスとして，成長を遂げた企業はほとんどない．加えて，社内でゼロから立ち上げたブランドだけでなく，スターバックスコーヒーやカンペールなど海外ブランドとの提携事業によって，日本で新しい市場を創造してきたことは同社の編集力に対して，国内外で高い評価があることがうかがえる．近年の新規ブランドとしては，2009年にカリフォルニアから日本に初上陸した前述の Ron Herman や，2012年に渋谷にオープンしたカリフォルニアダイナーのイーエーティー（EAT），2013年のレディスブランドのエルフォーブル（ELFORBR），「お米」に焦点をあてた新しいライフスタイルショップ AKOMEYA TOKYO，表参道にオープンしたフライングタイガー（Flying Tiger Copenhagen）があげられる．

　また，ライフスタイル提案の多角化の戦略基盤となっているのは，事業のブランド・ポートフォリオである．複数のブランドをブランド体系によって整理し，まだ伸びる余地のある市場のブランド，マネジメント上の厳しい競合状況のブランドを分類し，どのブランドに企業の経営資源を投入すべきかを判断する意思決定を迅速におこなっている．また，出店ポートフォリオは，いつどこに何を展開するのかを判断するための指標である．事業性ポートフォリオは，

第9章　日本のファッションが新たな市場を創る　217

図9-6　サザビーリーグのライフスタイルビジネス
出所）筆者作成.

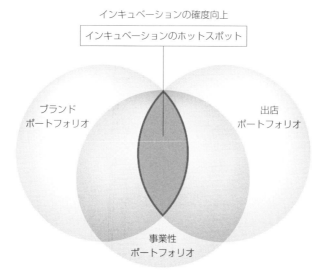

図9-7　サザビーリーグの多角化戦略概要図
出所）サザビーリーグホームページより引用.

多角化戦略を取った際のさまざまな事業群の組み合わせを追求することであり，これらを考慮しながら，適切な事業への進出を選択しているのである（図9-6, 図9-7）．

9-5　国家プロジェクト「クール・ジャパン」とライフスタイル型ビジネス

（1）クール・ジャパン戦略とは

日本の経済成長は，これまで自動車や家電などに代表される工業製品によって，支えられてきた．しかし，アジア新興国を中心とした急速な追い上げの進展するなかで，激しいコスト競争にさらされている．一方では，アジア各国の富裕層や中間層は，ライフスタイルの変化が顕著になり，「エンターティンメント」「おしゃれ」「やすらぎ」「健康」「豊かな住空間」「感動のある生活」などを新たな価値観と考えはじめている．特に日本のファッションやコンテンツ，デザイン，伝統工芸品など「クール・ジャパン」といわれる商品群へのい評価が一段と高まっている．このような状況下で，日本政府は貿易振興の一環として国家プロジェクトとして「クール・ジャパン」の魅力を具現化させることをスタートさせた．そして，アジア地域を中心とた海外プロモーション活動をとおして，訪日外国人の拡大をめざし，日本の新たな成長エンジンとすること，加えて国内雇用の創出へも連鎖させようという戦略である．

海外に対して，直接的かつ間接的にも日本文化の魅力を伝え，新たな産業構造や新たなライフスタイルを背景としたクール・ジャパンの要素を取り入れることで，グローバル競争の中で日本産業の付加価値を高め，競争力を強化する必要がある．これは，新興国がコストパフォーマンスを競争力に結びつけ，市場シェア獲得を進めるなかで，日本の製品やサービスが競争優位性を保ち，市場を創造していく上で重要な要素となる．具体的には，クール・ジャパン推進に係る政府の32の施策を，①情報発信，②海外展開，③インバウンド振興，④地方の魅力の発掘・発信に区分し，これらを含むクールジャパン関連事業

図9-8　クール・ジャパンによる訪日観光客および消費額の推移

出所）経済産業省商務情報政策局ホームページより引用．

の2016年度（平成28年度）予算合計額は376億円を投入している．国策としての取り組みは，2010年（平成22年）6月，経済産業省製造産業局に「クール・ジャパン室」が開設され，2014年（平成24年）12月発足した第2次安倍内閣から閣僚に「クールジャパン戦略担当」大臣を置き，戦略産業分野である日本の文化・産業の世界進出促進，国内外への発信などの政策を本格的に推進してきた．クール・ジャパン戦略は，図9-8のとおり2014年度から日本の商品を求めた訪日観光客が急速に増加し，社会現象となった爆買いといわれたインバウンド効果により，高額品を中心に旅行消費額も急増した．しかし，2016年4月ごろから訪日観光客の増加は続いているが，中国人を中心に購入単価の低下が続き，先行きは不透明である．

（2）クール・ジャパンとファッション

日本政府は，クール・ジャパン戦略のなかにファッションビジネスを組み入れている．日本は，世界でも最高水準のファッション素材（テキスタイル）や服

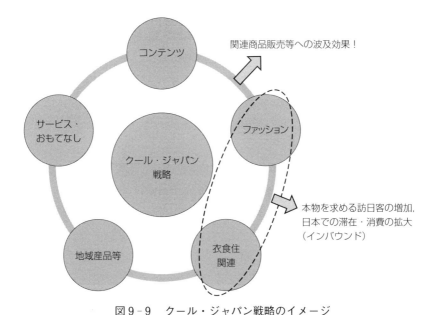

図9-9 クール・ジャパン戦略のイメージ

出所）平成26年経済産業省商務情報政策局生活文化創造産業課『クールジャパン政策について』を参考に筆者作成．

づくりのノウハウや技術力を持ちながら，国際ビジネスとして大きく育てることができていない．グローバルという観点から見ると欧米や韓国の取り組みが先行しているのが実態である．しかし日本には，東レや小松精練など世界有数の技術を誇る素材や加工メーカー，高品質の児島のジーンズ，鯖江の眼鏡フレームなど欧米の高級メーカーやブランド企業が商材調達をおこなっている．一方で，1970年代から世界的な評価を得た，イッセイミヤケやコムデギャルソン，ヨウジヤマモト以降は，グローバルに通用するデザイナーは皆無である．日本ブランドはなく，ユニクロを展開するファーストリテイリング以外には世界に通用するブランドや企業は見当たらない．しかし，クール・ジャパン戦略では，日本の食文化やファッションを中心とするショッピングモールを海外主要都市で展開する事業に積極的に投資することになる．また，ファッション製品の日本製であることを中核にしたプロモーション活動をおこない，具体的に海外有

名ファッション雑誌や新聞になどに「MADE IN JAPAN」のキャンペーンに取り組む方針である．また，パリコレクションやミラノコレクションなどで開催される受注展示会で日本を全面的に打ち出したブースを出展させている．日本ブランドがターゲットとする市場は，欧米ファストファッションより高品質を維持しながら，高級ブランドほど価格帯が高くない中間層を狙う戦略である．

むすびに

　本章は，さまざまな消費財を複合的に組み合わせたライフスタイルビジネスについて，議論してきた．筆者はこれまで研究活動をとおして，ファッションビジネスに携わる多くの経営者へのインタビューをおこなってきた．ここで必ず出てくることは，2010年ごろから「服が売れない」時代になったということである．最近まで訪日外国人の「爆買い」による好調さと国内消費の「服が売れない」という対照的で複雑なビジネス環境にあるという．

　百貨店やSCは訪日外国人と富裕層による高額品が伸びているといわれるが，本来の婦人衣料は多くはのブランドが低迷している危機的現状がある．また，これまで競争優位を持続していたSPAやファストファッションも成長が止まり，製品ライフサイクルでいう成熟期に到達し，これまで通りの成長は難しい．そして，2015年から2016年にかけて，ワールドやオンワード樫山，TSIホールディングスなどのマスマーケット戦略で成長してきた大手アパレル企業は大規模なリストラを実行していることからも，ファッション業界の現状が理解できる．これまでの高価格と低価格という二極化だったビジネス環境はすでに喪失しつつあると考えるべきであろう．つまり，マスマーケットにおいて，ファッション自体から消費者が離れていることへの問題意識をもつ必要性があるといえる．このように先進国を中心に「モノを買わない」「欲しいモノがない」という消費者購買行動の隙間を埋める新たな価値観を提供しているのが，今回の議論であるライフスタイル提案型ビジネスである．ファッション，フード，健

康，カルチャー，経済，思想などさまざまな分野を複合的に組み合わせて消費者へ提案するビジネスである．しかし，提案する能力は一朝一夕で醸成することは至難の業である．提案者は取り扱う商材の選択や独自の目利き力，編集力，そして販売員をはじめとした人財力を保有しなければ成功することは不可能である．

　ここで，筆者が注目している店舗がある．2016年4月東京新宿にオープンした，セレクトショップ業態であるビームスのライフスタイル提案型店舗「ビームス・ジャパン」である．店舗のコンセプトは，「老若男女や国境を超えた新たな顧客の獲得をめざし，MADE IN JAPANの海外進出を模索する」としている．そして，消費者へ提供するサービスと商材は「選択眼をもった大人の男女が，ゆっくり店舗に滞在しながら買い物を楽しめる空間」「日本製を切り口にファッションやカルチャー，食を発信すること」で，まさに国家戦略であるクール・ジャパン政策に合致している．これまでの蓄積された同社の経験や独自の価値観を日本製品に特化させ，日本の競争優位である，匠技によるモノづくりの確かさや感性，センスに着眼した品揃えとなっている．売り場構成は，地下1階から地上5階までの6層で構成され，さまざまなライフシーンに区分わけされた特色ある商品を集めている．1階には，祭りをテーマに日本の銘品とスペシャルティ珈琲専門店の『猿田彦珈琲』を配置し，47都道府県からセレクトした，匠工房による逸品を集積され，地方自治体と協業したポップアップスペースもある．オープン時はボストン美術館と連携した美術展が開催され，多くの若者がアートに触れる機会を提供した．2階は，日本人デザイナーを中心とした日本製のファッション衣料を集めたフロア構成になっている．特に日本独自のデニムや繊維素材を使用した衣料品，最高級の鞣し技術を施した鞄を中心とした皮革製品など素晴らしいコレクションになっている．また，宮大工の職人が手掛けるスケートボードなどユニークな商品も置かれている．3階は，ビームスの目利き力によって集められた国内外のブランド品と別注商品，ユニークなコラボ企画商品などで構成されている．4階は日本のポップカルチー，5階には日本のクラフトとアートギャラリーを組み合せた新業業態を実験的に

展開している．また，地下1階には日本の洋食として日光金谷ホテルのクラフトグリルを入れ，クラフトビールも「アウグスビール ホワイト」「幕末のビール復刻版」「常陸野ネスト」など日本の銘柄が取り揃えられている．つまり，徹底的に日本の優れものをキーワードとして，衣食住のジャンルを超えた逸品を集積させ，新しいサブカルチャーまで取り込んだクール・ジャパンの集積店舗となっているのである．筆者はビームス・ジャパンの店舗を開店以来，毎月定点観測しているが，購買客層は幅広く，各フロワーの回遊性も高く，売上高も好調のようである．特に国内外の若年層が意外と多いことは「モノを買わない」「欲しいモノがない」という言葉は当てはまらない．このことから発見されることは，売れないといわれるファッションをコアとしながら，衣食住のライフスタイル提案という，斬新さや感動，驚きを与えるようなエンターテイメント（entertainmen）性を付加させる業態の可能性である．今後，日本発信のビジネスモデルとして期待できるのではないだろうか．

注
1）セカンドライン（second line）
　セカンドラインとは，ブランドの普及版のこと．デザイナーのイメージを尊重しつつ，販売対象を拡大するために価格を抑えたもの．メインラインで使用される高級な素材や副資材をワンランク落とし，縫製や手作業の部分を簡略化することにより低価格化を実現している．
2）ディベロッパー（Developer）
　ショッピングセンターや駅ビル等の大型商業施設を開発する業者のことである．施設に入店するキーテナントをはじめ，テナントの業種・業態構成を考える重要な役割を担うことになる．百貨店や量販店，ディスカウント・ストアー，ホームセンター，ドラッグストアーのようなキーテナントがディベロッパー役を果たす場合もある．近年ではショッピングセンターにテナント出店して成功し，多店舗化するフランチャイズチェーンがあり，本部はディベロッパーの情報入手と交渉は重要となっている．一方，ブランド力や集客力のあるチェーンにはディベロッパーから出店要請がある場合がある．
3）フレッド シーガル（Fred Segal）
　1961年に米国ロサンゼルスの地にフレッド・シーガル氏によって創業された．ライフスタイル提案型のセレクトショップの先駆けとして，米国を代表する輸入及びオリジナルの衣料品や雑貨を販売するセレクトショップとなった．1965年に第一号店となるMELROSE（メルローズ）店オープンを皮切りに，1985年にサンタモニカ（SANTA

MONICA），2013年にロサンゼルス空港（LAX AIRPORT），2014年にラスベガス（LAS VEGAS），そして2015年に東京の代官山へ出店した．フレッド シーガルの顧客リストには海外の有名セレブリティやハリウッドスターが多く，パリス・ヒルトンやブラッド・ピット，キャメロン・ディアスなども顧客である．現在では，世界からファッション関係者や多くの観光客が訪れるロサンゼルスのスポットにもなっている．

4) 事業部制（Divisional Organization）

　事業部制は，事業運営に関する責任・権限を本社部門が事業部に委譲することで，本社部門の経営負担を軽減するとともに，各事業の状況に応じた的確で迅速な意思決定を促進する経営戦略である．企業が多角化したり，地理的に拡大したりすると本社部門がすべての事業に関する意思決定をおこなうのは困難となり，事業部制が採用される．

終章

「原点回帰」により新たな進化が見えてくる

　日本のファッションビジネスは戦後いち早く欧米のファッションを取り入れ，さまざまなブランドのノウハウを学びながら，日本独自の棲み分け型の産業構造を構築し進化してきた．高度成長期には，良質な中間層の消費者を中心に大衆消費財として成長し，世界でも有数の大きな市場を形成してきた．しかしバブル崩壊以降，ビジネス環境は，政府の経済政策によって一時緩やかな回復基調もみられたが，長期的にはデフレ経済が是正されず，急速な少子高齢化の到来や人口減少による市場収縮の顕在化，ボーダレスな国際化によるグローバル競争と高度情報社会の進展から「服が売れない時代」として厳しい状況が続いている．市場では百貨店への出店を販売チャネルの基軸として成長してきた，ワールドやオンワード樫山，TSIホールディングス，三陽商会，イトキンなど大手アパレル企業が経営不振から売場の撤回を重ねている．百貨店本体も地方都市の不採算店舗の閉店スピードを加速させている．特に注視すべき問題は，高額品のみならず低価格帯の商品もここ数年不調という点である．2016年に入り，これまで圧倒的に市場浸透してきた超低価格帯のファストファッションですら業績が低迷気味である．つまり，現在のビジネスモデルは，消費者には提供価値として受け入れられなくなっている．具体的にファッション業界が抱える課題と問題点を整理すると，⑴消費の成熟化によるニーズや購入行動の変化，⑵商品原価の高騰，⑶国内市場規模の収縮，⑷消費の低減と縮小，⑸競合他社との差別化の困難性，があげられる．

　本書は，このような厳しい現状を踏まえて，ファッションのビジネスモデル

にフォーカスし，生成から現在に至る変遷を「環境適応行動」による進化と捉えて，体系的に整理しながら，課題や問題点のヒントを探究することを意識してまとめ上げた．そこから発見されたことは，ファッションビジネスは，ユーザーである消費者の趣好が移ろいやすく，予測困難性が高いといわれるが，どのような環境下であっても「変えるもの」と「変えないもの」を峻別させながら，愚直な創意工夫によって，イノベーションといえる「ブランド価値」の創造を何度も繰り返しおこなってきた．企業の環境適応行動には，市場の変化や消費者の受け止め方に対して感度を高め，商品開発からマーケティングに至るまで，一貫性をもった戦略をつくることが極めて重要となる．とはいえ，変化が大きい時代には正確な将来予測は実に難しい．たとえば，コンピューターによる情報化社会の到来に合わせるように，1980年代日本に初めて米国発のQR (Quick Respones) やSPAが導入され，これまでの棲み分け型ビジネスモデルを根底から覆して，オペレーションの効率化と最適化されたSCMによるビジネスモデルが構築された．しかし，ファッションビジネスが持つ本質的な課題を解決することにはならなかった．商品は同質化し，ファッションの商品特性である個性という魅力が希薄となり，顧客ニーズとの隙間といえる乖離が生じ，価格競争というデフレスパイラルの罠に陥ってしまった．現在，多くのファッション企業が商品単価の下落によって，企業は苦しい経営を強いられている．また，川中産業であったメーカーがSPAの導入によって，流通経路の短縮から川下の小売機能を持ち，高い収益を獲得することになって，メーカー本来の機能を実質的に放棄してしまった．その結果，地方の衣料専門店は，競争優位の源泉であったメーカーブランド商品の仕入れが困難となり，多くの有力店が廃業に追い込まれていった．現在，全国の地方商店街がシャッター通りと揶揄される空洞化問題であるが，その一つの要因はメーカーのSPA化であったことは間違いない．つまり，SPA型ビジネスモデルに不可欠なデジタル情報システムであるデジタイゼーション（digitization）という変革は，競争優位の持続には有効性がなかったといえる．

　今後ファッションビジネスは，インターネットやデジタル化がさらに進化す

ることを想定しなければならない．現代社会では，最新の技術や情報，さらに消費者行動も短い時間軸で瞬く間にグローバル化されることになる．消費行動はクリック＆モルタルの次元をはるかに超えたオムニチャネル化が一般的となり，日本企業であっても，グローバルな商品力とともに，オムニチャネルに適応するマーケティング力が必要となる．加えて，コスト競争力と生産性が問われることにもなる．そのためには商品開発に関しては「拡大と分散」から「選択と集中」へ振り戻すことが重要になる．また，販売戦略ではオムニチャネルの構築とリアル店舗のショールーム化が不可欠となることは間違いないと考える．

　また，過去のファッション史を精査すると，日本では戦後洋装ファッション文化が導入され，ビジネスが進展してきたが，おおよそ10年ごとに顧客ニーズとファッションの潮流は変化することが次のように見えてくる．(1)1950年代：人間らしい生活への欲求に誘発された洋装ブーム，(2)1960年代：高度成長期の既製服アパレルへビジネス移行，(3)1970年代：個性化による企業のマス・ビジネスとデザイナー個人のニッチ・ビジネスの二極化，(4)1980年代：バブル崩壊後，多様化時代による若年層中心のファッションビジネス，(5)1990年代：不況長期化から価値観リセット時代の棲み分け型ビジネスモデルの崩壊，そしてSPA型ビジネスモデルへ移行，(6)2000年代：インターネット普及によるボーダレス化とグローバル化，価格帯の多様性，(7)2010年代：モノからコトへ顧客ニーズと価値観の変化，と整理していくとファッションは社会の反映といえるだろう．日本の2015年度衣料品の年間生産量は，41億着である．日本の人口は，約1億3000万人であるので，1人当たり年間に32着を購入してもらう計算となる．実際の購入層で考えると年間約60着となり，月間では5着の購入をしなければならない．このような供給過多な状況を愚直に考えなければならない．今一度原点を振り返り，「ファッションは何のためあるのか」というファッションの本質に回帰することが必要であると指摘する．ファッションビジネスは「20世紀は経済の時代」であったが，「21世紀は文化・価値の時代」を迎えているのである．

主要参考文献

邦文献

青木幸弘・岸志津江・田中洋（2000）『ブランド構築と広告戦略』日本経済新聞社.

赤沢基精（2001）「スーツ販売世界一誇る青山商事第二の創業期にチャレンジ」『流通とシステム』9月.

安楽貴代美（2007）「リアルクローズ市場への欧米大型SPAの参入──ファストファッションが日本市場に与えるインパクトを探る」『繊維トレンド7・8月号』東レ経営研究所.

池尾恭一（1997）「百貨店の低迷と再成への課題」，田島義博・原田英生編『ゼミナール流通入門』日本経済新聞社.

石井淳蔵（1999）『ブランド 価値の創造』岩波書店.

石井淳蔵・奥村昭博・加護野忠男・野中郁次郎（1985）『経営戦略論』有斐閣.

石原武政（1997）「新業態としての食品スーパーの確立──関西スーパーマーケットを中心として──」『大阪市立大学ワーキング・ペーパー』No. 9705.

井関利明（1978）「消費者ライフスタイル理論」『季刊消費と流通』Vol. 2, No. 2.

伊勢丹編（1990）『伊勢丹百年史』.

伊丹敬之（1984）『新・経営戦略の理論』日本経済新聞社.

伊丹敬之（2001）「見えざる資産の競争力」『DIAMOND ハーバード・ビジネス・レビュー』July.

伊丹敬之（2003）『経営戦略の論理（第3版）』日本経済新聞社.

伊丹敬之・加護野忠男（1993）『ゼミナール経営学入門』日本経済新聞社.

伊丹敬之・軽部大（2004）『見えざる資産の戦略と論理』日本経済新聞社.

伊藤元重（1998）『百貨店の未来』日本経済新聞社.

伊藤良二・須藤実和（2004）「コア事業と成長戦略」『組織科学』Vol. 37, No. 3, 2, 11-20頁.

井上達彦（2001）「スピードアップとアンチ・スピードアップの戦略的統合──㈱ワールドの製品システム」『国民経済雑誌』184巻第1号，43-58頁.

岩崎剛幸（2012）『アパレル業界の動向とカラクリ』三松堂印刷.

岩田松雄（2013）『ブランド』アスコム.

梅田望夫（2006）『ウェブ進化論』筑摩書房.

江尻弘（1994）『百貨店の再興』中央経済社.

江尻弘（2003）『百貨店返品制の研究』中央経済社.

遠藤泰弘（1988）『分社経営の実際』日本経済新聞社.

小田山道弥（1984）『日本のファッション産業』ダイヤモンド社.

大月博司・高橋正泰・山口善昭（1997）『経営戦略──理論と体系──（第2版）』同文館.

大月博司（2001）「組織の進化的変革：その可能性と限界」『北海学園大学経済論集』第48巻3・4，45-61頁.

大月博司（2005）「組織の適応，進化，変革」『早稲田商学』第404号，38-63頁.

大村邦年（2004）「アパレル業界の変遷と展望」，小西一彦編『マーケティングの理論と実践』兵庫県立大学経済経営研究所，63-70頁.
大村邦年（2005）「アパレルマーケティングの実際」，小西一彦編『マーケティングの理論と実践（第2版）』六甲出版販売，41-63頁.
大村邦年（2008）「海外ファッション企業の新たなブランド戦略──ルイ・ヴィトンの事例から──」，小西一彦編『新時代のマーケティング──理論と実践──』六甲販売出版，47-67頁.
大村邦年（2011）「百貨店のリストラクチャリングへの新機軸」，小西一彦編『新時代マーケティングへの挑戦──理論と実践──』六甲出版販売，38-66頁.
大村邦年（2012a）「ファストファッションにおける競争優位のメカニズム── INDITEX 社 ZARA の事例を中心に──」『阪南論集』第47巻第2号，97-113頁.
大村邦年（2012b）「新興アパレル企業にみるデジタルプロモーション──マッシュスタイルラボの事例から──」『阪南論集』第48巻第1号，23-38頁.
大村邦年（2014）「アパレル企業の多角化戦略とその本質」『阪南論集社会科学編』第50巻第1号，23-36頁.
大村邦年（2016）「靴下製造業の新製品開発によるブランド創造──松原市コーマ株式会社の事例から──」阪南論集』第51巻第3号，147-160頁.
加護野忠男（1976）「製品市場戦略と企業成果」『国民経済』133(3).
加護野忠男（1980）『経営組織の環境適応』白桃書房.
加護野忠男（1988）『組織認識論』千倉書房.
加護野忠男（1996）『経営戦略論』有斐閣.
加護野忠男（1997）『日本型経営の復権』PHP 研究所.
加護野忠男（1999）『〈競争優位〉のシステム』PHP 研究所.
加護野忠男（2004）「コア事業をもつ多角化戦略」『組織科学』Vol. 37，No. 3，4-10頁.
加護野忠男（2005）「新しい事業システムの設計思想と情報の有効利用」『国民経済雑誌』第192巻6号.
加護野忠男・井上達彦（2004）『事業システム戦略──事業の仕組みと競争優位──』有斐閣.
加護野忠男・上野恭祐・吉村典久（2006）「本社の付加価値」『組織科学』Vol. 40，No. 2，4-14頁.
鹿島茂（1991）『デパートを発明した夫婦』講談社.
加藤周一編（2007）『改訂新版世界大百科事典』平凡社.
金井壽宏（1993）『経営組織』日本経済新聞社.
亀井卓也（2008）「コミットメントの形成プロセス」，野村総合研究所編『経営用語の基礎知識（第3版）』野村総合研究所.
河合拓（2016）「ビジネスモデルの変化を読み解け！アパレルビジネスの将来戦略」『SC JAPAN TODAY』第493号.
川端準治・菊池愼二編（2001）『百貨店はこうありたい』同友社.
鬼頭孝幸（2007）「欧州のエクセレントカンパニーに学ぶ　第4回 INDITEX 社（ZARA）

に見るグローバル企業の成功要件」『視点』ローランド・ベルガー.
木下明浩（2011）『アパレル産業のマーケティング史』同文舘出版.
木綿良行・三村優美子編（2003）『日本的流通の再生』中央経済社.
国友隆一（2001）『消費者心理はユニクロに聞け』PHP研究所.
楠木健（2010）『ストーリーとしての競争戦略』東洋経済新報社.
小島健輔（1999）『SPAの成功戦略』商業界.
小島健輔（2002）「ラグジュアリー・ブランドの明暗」『ファッション販売』商業界.
小島健輔（2003）「GAP，無印，ユニクロが復活する時」『ファッション販売5月号』商業界.
小島健輔（2009）「SPAから学ぶ事」『チェーンストアエイジ6月号』ダイヤモンド社.
小島健輔（2011）「岐路に立つSPA」『販売革新8月号』商業界.
小山周三（1997）『現代の百貨店』日本経済新聞社.
近藤公彦（1992）「小売企業多角化と事業定義」『岡山商大論叢』第28巻第1号，31-52頁.
崔学林（2002）「経営組織の環境適応と競争力論──文献の展望と研究課題──」『新潟大学現代社会文化研究』No. 23.
斎藤成也（2009）『自然淘汰論から中立進化論へ──進化学のパラダイム転換──』NTT出版.
斎藤成也（2011）『ダーウィン入門──現代進化学への展望──』筑摩書房.
榊原研互（1994）「進化論的経営経済の再検討──ザンクト・ガレン・グループの諸説を中心に──」『三田商学研究』第37巻第2号，129-139頁.
坂田隆文（1995）「百貨店研究の新展開を求めて」『六甲台論集経営学編』第48巻第2号.
坂本和子（2002）「靴下屋ダン」『IFIビジネス・スクール資料』IFI.
坂本光司・南保勝（2003）『超優良企業の経営戦略──快進撃企業はここが違う──』同友館出版.
柴田悟一・中橋國藏（2001）『経営戦略・組織辞典』東京経済情報出版.
柴田悟一・中橋國藏（2003）『経営管理の理論と実際（新版)』東京経済情報出版.
嶋口充輝（1984）『戦略的マーケテイングの論理』誠文堂新光社.
社会法人ビジネス機械・情報システム産業協会（2005）『実践e-文書法』東洋経済新報社.
関根孝（2005）「小売機構」久保村隆祐編『商学通論』同文館.
そごう編（1969）『そごう社史』.
高島屋編（1982）『高島屋150年史』.
高橋克典（2007）『ブランドビジネス 成功と失敗を分けたもの』中央公論新社.
高橋秀雄（2001）『電子商取引の展望と動向』税務経理協会，68-72頁.
大丸編（1967）『大丸二百五十年史』.
橘川武郎・島田昌和（2008）『進化の経営史──人と組織のフレキシビリティ──』有斐閣.
塚田朋子（2006）『ファッション・ブランドの起源──ポワレとシャネルとマーケティング──』雄山閣.
塚田朋子（2012）『ファッション・ブランドとデザイナーと呼ばれる戦士たち』同文舘出版.
坪井晋也（2009）『百貨店の経営に関する研究』学文社.

寺前俊孝（2012）「持続的な企業間関係に関する考察──タビオ株式会社の事例より──」『日本流通学会誌 流通』No. 30, 53-60頁.
東洋経済新報社（2004）「ビジネスリポート01 地方発・衣料SPAの第3勢力──ハニーズ──ユニクロの対極にあるもう一つの価格破壊」『週刊東洋経済』8月21日号, 46-49頁.
中谷巌（2000）『eエコノミーの衝撃』東洋経済新報社.
中橋國藏（1996）「独自能力の形成過程」『商大論集』第47巻第4号.
中橋國藏（2000）「環境不確実性と企業の適応行動」『商大論集』51巻6号, 11-40頁.
中橋國藏（2001）『経営戦略のフロンティア』東京経済情報出版.
中橋國藏（2008）『経営戦略の基礎』東京経済情報出版.
中原英臣・佐川峻（2001）『進化論を楽しむ本』PHP.
中山安弘・中村孝一・齋藤喜孝（2009）『マネジメントシステム進化論』オーム社.
長沢伸也（2002）『ブランド帝国の素顔 LVMH モエ ヘネシー・ルイ・ヴィトン』日本経済新聞社.
長沢伸也編（2007）『ルイ・ヴィトンの法則』東洋経済新報社.
新妻昭夫（2010）『進化論の時代──ウォーレス＝ダーウィン往復書簡』朝日新聞社.
西谷勢至子（2002）「企業の進化プロセス──NelsonとWinterの理論を中心に──」『環境の経済・経営・商業・会計の視点による多面的研究』（2002）慶應義塾大学商学研究科大学院高度化推進プロジェクト, 235-249頁.
日経BP社（1999）「迅速対応 ZARA（欧州の急成長アパレル）究極のSPA, 先端ファッションを格安で」『日経ビジネス』11月8日号, 55-58頁.
仁平京子（2004）「ライフスタイル概念における社会学的・心理学的特質とマーケティング的特質」『商学研究論集』明治大学大学院.
日本政策金融公庫総合研究所（2014）「中小企業による新事業戦略の展開──実態と課題──」『日本政策金融公庫総研レポート No. 2014-2』日本政策金融公庫.
日本百貨店協会（1998）『百貨店のあゆみ』.
日本百貨店協会（2008）『日本百貨店協会統計年報』.
沼上幹（2009）『経営戦略の思考法』日本経済新聞出版社.
根来龍之・木村誠（1999）『ネットビジネスの経営戦略──知識交換とバリューチェーン──』日科技連出版社.
能澤慧（1994）『20世紀モード』講談社.
野中郁次郎・竹内弘高・梅本勝博（1996）『知識創業企業』東洋経済新報社.
秦郷次郎（2006）『私的ブランド論 ルイ・ヴィトンと出会って』日本経済新聞社.
初田亨（1993）『百貨店の誕生』三省堂.
平山弘（2007）『ブランド価値の創造──情報価値と経験価値の観点から──』晃洋書房.
平山弘（2016）『ブランド価値創造戦略に求められるもの』晃洋書房.
深井晃子（2005）『ファッシンの世紀』平凡社.
深井晃子監修（1998）『世界服飾史』美術出版社.
福永文美夫（2007）『経営学の進化』文眞堂.
藤井大拙・高畑宥（2004）『サービス・マーケティング原理』白桃書房.

藤岡里圭（2006）『百貨店の生成過程』有斐閣.
藤岡里圭（2006）「百貨店」, 石原武政・矢作敏行編『日本の流通100年』有斐閣.
藤屋伸二（2015）『ドラッガーから学ぶ多角化戦略』クロスメディア・パブリッシング.
毎日新聞社（2002）「アパレル――企業の明暗を分ける高コスト体質を払拭するスピード――」『エコノミスト』4月, 90-91頁.
松行康夫（2006）『進化経営学』白桃書房.
松岡真宏（2000）『百貨店が復活する日』日経BP社.
松岡真宏（2001）『小売業の最適戦略』日本経済新聞社.
三品和広（2006）『経営戦略を聞いなおす』筑摩書房.
三品和広（2008）「基本戦略と利益成長――日本企業1,013社の実証分析」『国民経済雑誌』第197巻第3号, 13-23頁.
三島康雄（1980）『大正・昭和前期の経営史』ミネルヴァ書房.
三越編（2005）『株式会社三越100年の記録』.
南知恵子（2003）「ファッションビジネスの論理――ZARAに見るスピードの経済――」『流通研究』第6巻1号.
宮崎文明（2006）『単品管理入門』商業界.
宮副謙司（2005）「百貨店研究の系譜と課題」『流通研究』第8巻第1号.
村田昭治（1979）「6章 マーケティングにおけるライフスタイル戦略」, 村田昭治・井関利明・川勝久編『ライフスタイル全書――理論・技法・応用17――』ダイヤモンド社.
森康一（1992）「組織内エコロジー――バーゲルマン・モデルの展開――」『経済学研究』（北海道大学）, 第42巻第3号, 16-31頁.
矢作敏行（1996）『現代流通――理論とケースで学ぶ――』有斐閣.
矢作敏行（2011）『日本の優秀小売企業の底力』日本経済新聞出版社.
矢野経済研究所（2003）『SPAマーケット総覧04'――アパレル系, 小売系, 外資系SPA型成長企業調査』矢野経済研究所.
矢野経済研究所（2005）『2004年度版 インナーウエア市場白書』矢野経済研究所.
矢野経済研究所（2007）『2006年度版 インナーウエア市場白書』矢野経済研究所.
矢野経済研究所（2008）『2007年度版 インナーウエア市場白書』矢野経済研究所.
矢野経済研究所（2009a）『2008年度版 インナーウエア市場白書』矢野経済研究所.
矢野経済研究所（2009b）「2008年度インポートマーケット総括とブランド企業の中期戦略」『ヤノニュース』矢野経済研究所.
矢野経済研究所（2010）『2009年度版 インナーウエア市場白書』矢野経済研究所.
矢野経済研究所（2011）『2010年度版 インナーウエア市場白書』矢野経済研究所.
矢野経済研究所（2012）『2011年度版 インナーウエア市場白書』矢野経済研究所.
矢野経済研究所（2013）『2012年度版 インナーウエア市場白書』矢野経済研究所.
矢野経済研究所（2014）『2013年度版 インナーウエア市場白書』矢野経済研究所.
矢野経済研究所（2015）『2014年度版 インナーウエア市場白書』矢野経済研究所.
山下洋史・諸上茂登・村上潔編（2003）『グローバルSCM』有斐閣.
山田登世子（2009）『贅沢の条件』岩波書店.

山村貴敬（2006）『ファッション産業の現状と今後の展望』日本貿易会.
山村貴敬（2011）「ファッション産業の現状と展望」『日本貿易協会月報』2月号.
山本武利・西沢保編（1999）『百貨店の文化史』世界思想社.
山本達郎（2010）『中国巨大ECサイト・タオバオの正体』ワニブックス.
安室憲一（1992）『グローバル経営論』千倉書房.
吉原英樹・佐久間昭光・伊丹敬之・加護野忠男（1984）『日本企業の多角化戦略』日本経済新聞社.
吉見俊哉（1994a）「デパート文化研究の現在（上）」『RIRI流通産業』第26巻第6号.
吉見俊哉（1994b）「デパート文化研究の現在（中）」『RIRI流通産業』第26巻第9号.
吉見俊哉（1995）「デパート文化研究の現在（下）」『RIRI流通産業』第27巻第1号.
渡辺一雄（1993）『百貨店が無くなる日』実業之日本社.
和田充夫（1998）『関係性マーケティングの構図』有斐閣.

欧文献

Aaker, D. A. (1984) *Strategic Market Management,* John Wiley and Sons（野中郁次郎・北洞忠宏・嶋口充輝・石井淳蔵訳『戦略市場経営』ダイヤモンド社，1986年）.

Abell, D. F. (1980) *Defining the BliSiness : The Starting Pointof Strategic Planning,* Prentice-Hall（石井淳蔵訳『事業の定義——戦略計画策定の出発点——』千倉書房，1984年）.

Adler, A. (1926) *What Life Shoud Mean to you*（高尾利数訳『人生の意味の心理学』春秋社，1984年）.

Ahlstrand, M. and Lampel, B. (2009) *Strategy Safari,* Second Edition, Pearson Education Canada（斎藤嘉則訳『戦略サファリ第2版』東洋経済新報社，2013年）.

Albach, H (1965) "Zur Theorie des wachsenden Unternhmens," in *Theorie des einzelwirtschaflichen und gesamtwirtschftlichen Wachstum,* hrsg. Von W. Krelle, Berlin.

Ansoff, H. I. (1957) "Strategies for diversification," *Harvard Business Review,* 35(5)（「多角化戦略の本質」, DIAMOND ハーバード・ビジネス・レビュー編集部編訳『戦略論1957-1993』ダイヤモンド社，2010年）.

Ansoff, H. I. (1965) *Corporate Strategy,* McGraw-Hill（広田寿亮訳『企業戦略論』産業能率大学出版，1969年）.

Badia, E. (2009), *Zara and her Sisters : The Story of the World's Largest Clothing Retailer,* Palgrave Macmillan.

Bahn, D. L. and P. P. Fischer (2003) "Clicks and Mortar: Balancing Brick and Mortar Business Strategy andOperations with Auxiliary Electronic Commerce," *Information Technology and Management,* 4(2): 319-334.

Baueriein, M. (2011) *The Digital Divide : Arguments for and Against Facebook, Google, Texting, and the Age of Social Networking,* Cheltenham: Edward Elgar.

Berry, C. H. (1975) *Corporate Growth and Diversification,* N. Y. Princeton University Press.

Cachon, G. P. and R. Swinney (2004) *Purchasing, Pricing, and Quick Response in the Presence of Strategic Consumers,* MANAGEMENT SCIENCE.

Christensen, C. M. (1997) *The Innovator's Dilemma. Boston,* MA: Harvard Business School Press（伊豆原弓訳『イノベーションのジレンマ 増補改訂版』翔泳社，2001年）.

Christopher, H. L. and W. Louren (2004) *Service Marketing and Management*（小宮山雅博監訳藤井大拙・高畑宥『サービス・マーケティング原理』白桃書房，2004年）.

Covadonga, O. (2009) *The Man From ZARA,* Lid Press.

Drucker, P. F. (1954) *The Practice of Management*（上田惇生訳（『現代の経営』ダイヤモンド社，2006年）.

Drucker, P. F. (1973) *Manegement : Tasks, Responsibilities, Practices,* Harper & Row（野田一夫・村上恒夫・風間禎三郎・久野桂・佐々木実智男・上田惇生訳『マネジメント―課題，責任，実践―』ダイヤモンド社，1974年）.

Duncan, H. D. (1969) *Symbols and Social Theory,* Oxford University Press, N. Y..

Emery, F. E. and E. L. Trist (1965) "The Causal Texture of Organizational Environments," HR. 18:21-32.

Enrique, B. (2009) *Zara and her Sisters-The Story of the World's Largest Clothing Retailer,* Palgrave Macmillan.

Feldman, S. D. and G. W. Thielbar (1972) *Lifestyles : diversity in American Society,* Little. Brown and Company : Boston.

Fisher, M. R. (1961) "Toward a Theory of Diversification," *Oxford Economic Papers,* Vol. 13 : 293-311.

Gattona, J. (1999) *Strategic Supply Chain Alignment*（前田健蔵・田村誠一訳『サプライチェーン戦略』東洋経済新報社，1999年）.

Gerard, P., Cachon, G. P. and R. Swinney (2011) "The Value of Fast Fashion," *Management Science,* Vol. 157, No. 4, April, pp. 778-795.

Girth, H. H. and C. W. Mills (1946) *From Max Weber,* Oxford University Press（山口和男・犬伏宣宏共訳『マックス・ウェーバー』ミネルヴァ書房，1962年）.

Gould, S. J. (1990) *Ever Since Darwin, Reflections in Natural History,* W. W. Norton（滝本昌紀・寺田鴻訳『ダーウィン以来―進化論への招待』早川書房，1995年）.

Gulati, A. R. and J. Garinoi (2000) "Get the right mix of bricks& clicks," *Harvard Business Review,* 78(3): 107-114.

Gutsatz, M. and G. Auguste (2012) *Luxury Talent Management,* Palgrave Macmillan.

Gwyneth Mooro (2013) *Building a Brand Through Marketing and Communication,* Academia.

Hannan, M. T. and J. Freeman (1977) "The Population Ecology of Organizations," *American Journal of Sociology,* Vol. 82, pp. 929-963.

Hanson, W. A. (2000) *Principles of Internet Marketing,* South-Western College Pub Cincinnati, Ohio..

Jesus, Vega de la Falla, (2008) *La empresa sensual*（溝口美千子・武田祐浩訳『世界を虜にする企業——ZARA のマーケティング＆ブランド戦略——』アチーブメント出版，2010年）．

Kedves, J. (2013) *Talking Fashion : From Nick Knight to Raf Simons in Their own words*, Prestel.

Knight, K. E. (1967) "A Descriptive Model of the Intra: Firm Innovation Process," *Jornal of Business*, Vol. 40, No. 4.

Kotler, P. (1991) *Marketing Management, Analysis, Planning, Implementation and Control*, Prentice-Hall, 7th edition（村田昭治監修，小坂恕他訳『マーケティングマネジメント 持続的成長の開発と戦略展開』プレジデント社，1996年）．

Kotler, P. and G. Armstrong (1993) *Principles of Marketing*, Fourth Edition, Prentice-Hall（和田充夫・青木倫一訳『マーケティング原理』ダイヤモンド社，1995年）．

Lawrence, P. R. and J. W. Lorsch (1967) *Organization and Envirorment : Managing Differentiation and Intergration*, Harvard University Press（吉田博訳『組織の条件適応理論』産業能率短期大学出版部，1977年）．

Lazer, W. (1963) "Life Style Concepts and Marketing," in S. A. Greyser ed., *Toward Scientific Marketing*, AMA: 130-131.

Levy, S. J. (1963) "Symbolism and Life Style," in S. A. Greyser ed., *Toward Scientific Marketing*, AMA: 140-141.

Lewin, A. Y., Lomg, C. P. and T. N. Caroll (1999) "The Coevolution of New Organizational Forms," *Organization Science*, 10(5): 535-550.

Lovelock, C. H. and L. Wright (2004) *Service Marketing and Management*．（小宮路雅博監訳，高畑泰・藤井大訳『サービス・マーケティング原理』白桃書房，2002年）．

Luthans, F. (1976) *Introduction to Manegement : A Contingency Approach*, New York: McGran-Hill.

Marris. R. (1964) *Economic Theory of Managerial Capitalism*, London, MacMillan.

Moore, D. G. (1963) "Life Style in mobile Surburbia," in S. A. Greyser ed., *Toward Scientific Marketing*, AMA: 150-151.

Okonkwo, U. (2007) *Luxury Fahion Branding : Trends, Tactics, Techniques*, Palgrave Macmillan.

Penrose, E. T. (1959) *The Theory of the Grouth of the Firm*, Oxford, Basil Blackwell.

Porter, M. E. (1998) *On competition*, Harvard Business School Press（竹内弘高訳『競争戦略論Ⅱ』ダイヤモンド社，1999年）．

Prahalad, C. K. and M. S. Krishnan (2008) *The New Age of Innovation*, McGraw-Hill Education（有賀裕子訳『イノベーションの新時代』日本経済新聞出版社，2009年）．

Raynor, M. E. (2007) *The Strategy Paradox : Why Committing to Success Leads to Failure (And What to Do About It)*, Currency/Doubleday.

Robert, S. and P. D. Mccarthy (1995) *The Nordstrom Way : The Inside Story of America's #1 Customer Service Company*, John Wiley & Sons（山中鑑監訳，犬飼みずほ

訳『ノードストロームウェイ』日本経済新聞社, 1996年).
Rumelt. R. P. (1974) *Strategy, Structure and Economic Performancem*, Harvard Business School Press (鳥羽欽一郎・山田正喜子・川辺信雄・熊沢孝訳『多角化戦略と経済成果』東洋経済新報社, 1977年).
Steinfield, C. (2005) "Click and Mortar StrategiesViewed from the Web: A Content Analysis of Features Illustrating Integration Between Retailers' Online and Offline Presence," *Electronic Markets*, 15(3): 199-212.
Tapscott, D., Ticoll, D. and A. Lowy (2000) *Digital Capital : Harnessing the Power of Business Webs*, Harvard Business Press.
Tungate, M. (2012) *Fashion Brands : Branding Style From Armani to Zara*, Kogan Page.
Weber, M. (1905) Die protestantische Ethik und der „Geist " des Kapitalismus, in: Archiv für Sozialwissenschaft und Sozialpolitik, 20. Band (富永祐治・立野保男訳『社会科学方法論』岩波書店, 1936年).
Weick, K. E (1979) *The Social Psychology of Organizing*, Rondom House (遠田雄志訳『組織化の社会心理学 第2版』文眞堂, 1997年).
Zettermeyer, F. (2000) "Expanding to the Internet: Pricing and Communication Strategies When Firms Compete on Multiple channels," *Journal of Marketing Research*, 37.
Zook, C. and J. Allen (2012) *Repeatability*, Harvard Business Review Press (火浦俊彦・奥野慎太郎訳『再現可能な不朽のビジネスモデル』プレジデント社, 2012年).

参考資料

井上真由美・伊藤宗彦 (2012)「タビオ社のサービス・イノベーション」『神戸大学経済経営研究所ディスカッション・ペーパー DP2012-J08』.
NPO 法人河内木綿藍染保存会ホームページ (http://www.kawachimomen.com/event.html)
大阪靴下工業協同組合ホームページ (http://www.kutsushita.jp/html/company.html).
小島健輔 (2013)『「e コマース革命宣言」の衝撃』WWD ジャパン.
小島健輔 (2013)「転機に立つファッション EC とオムニチャネル戦略」『ファッション販売』8月号.
経済産業局 (2015)『繊維産業の現状及び今後の政策展開』経済産業省.
経済産業省「2010年度電子取引 (EC) 市場に関する調査」.
国際ショッピングセンター協会 (ICSC: International Council of Shopping Centers) ホームページ (http//www.icsc.org)
コーマ株式会社会社案内 (COOMA CORPORATE PROFILE).
ZARA 公式ホームページ (http://www.zara.com).
サンケイリビング新聞社 (2011)『OL マーケットレポート』Vol. 79.
総務省「2012年度通信利用動向調査」.

タビオ株式会社ホームページ（http://www.tabio.com/）
中小企業基盤整備機構（2012）『製造委託契約書作成にあたっての一般的注意事項』中小企業基盤整備機構.
東洋経済オンライン（http://toyokeizai.net/articles/）
奈良県靴下工業協同組合ホームページ（http://www.apparel-nara.com）
日本靴下協会ホームページ（http://www.js-hosiery.jp/）
一般社団法人 日本ショッピングセンター協会ホームページ（http://www.jcsc.or.jp/）
FASHIO PRESS（http://history.fashion-press.net/）
株式会社ファーストリテイリングホームページ（http://www.fastretailing.com/jp/group/strategy/tactics.htm）
株式会社マッシュホールディングスホームページ（www.mash-holdings.com/）.
松原市ホームページ（http://www.city.mastubara.osaka.jp/）
六車秀之（2009）「百貨店の課題」『ストアーズレポート』7月号.
六車秀之（2009）「目指すモデルとしてのノードストローム」『ストアーズレポート』8月号.
八尾市立図書館ホームページ（https://web-lib.city.yao.osaka.jp/）

人名索引

ア 行

アドラー，A.（Adler, A.） 205
アライア，A.（Alaia, A.） 39
アルノー，B.（Arnault, B.） 63
アルバッハ，H.（Albach, H.） 186
アルマーニ，G.（Armani, G.） 29, 38, 184
アンソフ，H.（Ansoff, H.） 185-187
安楽貴代美 2
石津謙介 35, 36
石原武政 144
井関利明 206
伊丹敬之 143, 185, 192
伊藤元重 144
ウェーバー，M.（Weber, M.） 204
ヴェルサーチ，G.（Versace, G.） 29, 38
ウォルト，C. F.（Worth, C. F.） 26, 30
梅本昭博 20
江尻弘 144
エメリー，F.（Emery, F.） 16
大月博司 17
大村邦年 2, 11, 161, 188, 189, 197
小田山道弥 45

カ 行

加護野忠男 18, 183, 185, 186, 192
カション，G. P.（Cachon, G. P.） 2
ガトーナ，J.（Gattona, J.） 84
金子功 35, 36
亀井卓也 154
カリノ，J.（Garino, J.） 106
カルダン，P.（Cardin, P.） 31, 34
川口淳一郎 21
川久保玲 35, 36
菊池武雄 35, 36
キャラン，D.（Karan, D.） 29
キャロル，T. N.（Caroll, T. N.） 19
クライン，C.（Klein, C.） 29
クリストファー，H.（Christopher, H.） 79, 85

クレージュ，A.（Courreges, A.） 74
ゲラティ，A. R.（Gulati, A. R.） 106
コシノ・ジュンコ 35, 36
コシノ・ヒロコ 36
小島健輔 1
コトラー，P.（Kotler, P.） 5
ゴルチエ，G. P.（Gaultier, G. P.） 31
コルベール，J. B.（Colbert, J. B.） 32
近藤広幸 115, 197

サ 行

崔学林 17
佐久間昭光 185, 192
ジェイコブス，M.（Jacobs, M.） 63, 68
シーガル，F.（Segal, F.） 213
下村正啓 146
下村正太郎 139
シャネル，C.（Chanel, C.） 30
スイニー，R.（Swinny, R.） 2
スィールバー，G. W.（Thielbar, G. W.） 204
鈴木睦三 215
ステインフィールド，C.（Steinfield, C.） 106
関根孝 137
ゼテルマイヤー，F.（Zettelmeyer, F.） 106

タ 行

ダーウィン，C.（Dawin, C.） 10, 12, 13, 20, 131
高田賢三 29, 35, 36
高橋義雄 17, 139
竹内弘高 20
田中三郎 35
タプスコット，D.（Tapscott, D.） 106
ダンカン，H. D.（Duncan, H. D.） 204
塚田朋子 2
ディオール，C.（Dior, C.） 28, 30, 31, 34, 63
ティコル，D.（Ticoll, D.） 106
ドラッカー，P. F.（Drucker, P. F.） 22, 195

トリスト，E. L.（Trist, E. L.） 16

ナ 行

ナイト，K. E.（Knight, K. E.） 192
中橋國藏　14, 15, 187, 195
ニナ・リッチ，M.（Nina Ricci, M.） 31
仁平京子　205, 207
野中郁次郎　20

ハ 行

バウアーライン，M.（Bauerlein, M.） 106
秦郷次郎　62, 67
畠山博文　115, 195
花井幸子　37
バルマン，P.（Balmain, P.） 31
バレンシアガ，C.（Balenciaga, C.） 28
バーン，D. L.（Bahn, D. L.） 106
ハンソン，W. A.（Hanson, W. A.） 106
ハンナン，M. T.（Hannan, M. T.） 18
フィッシャー，M. R.（Fisher, M. R.） 185
フィッシャー，P. P.（Fischer, P. P.） 106
フェルドマン，S. D.（Feldman, S. D.） 204
フェレ，G. F.（Ferré, G. F.） 29
ブシコー，A.（Boucicaut, A.） 137, 138
フリーマン，J.（Freeman, J.） 18
ヘス，V.（Jesus, V.） 2
ベリー，P. H.（Berry, P. H.） 185
ペンローズ，E. T.（Penrose, E. T.） 185, 186, 192
ポーター，M. E.（Porter, M. E.） 106
ポワレ，P.（Poiret, P.） 27, 30

マ 行

松田光広　35, 36
マリス，R.（Marris, R.） 186

三品和宏　185
三井高利　146, 147, 158
三宅一生　35, 36, 38
ムーア，D. G.（Moore, D. G.） 205, 206
村田昭治　207
森康一　18
森英恵　36

ヤ 行

山口義昭　17
山田登世子　2
山中伸弥　21
山村貴敬　2
山本寛斎　35, 36
山本耀司　36, 38
吉田ヒロミ　36
吉原英樹　185, 192
吉村駒三　172, 174
吉村盛善　174

ラ 行

ラルフローレン（Ralph Lauren）　29, 38
ルイ11世（Louis XI）　32
ルイ14世（Louis XIV）　32
ルーサンス，F.（Luthans, F.）　17
ルメルト，R. P.（Rumelt, R. P.）　185
レイザー，W.（Lazer, W.）　205
レイナー，M. E.（Raynor, M. E.）　185
レヴィ，S. J.（Levy, S. J.）　205
レヴィン，A. Y.（Lewin, A. Y.）　19
ロウィー，A.（Lowy, A.）　106
ローシュ，J. W.（Lorsch, J. W.）　17
ローレン，W.（Louren, W.）　79, 85
ローレンス，P. R.（Lawrence, P. R.）　17
ロング，C. P.（Long, C. P.）　19

事 項 索 引

ア 行

アウトソーシング　39, 110, 116, 117, 176
アウトレットモール　148
アディダス　31, 40
アベノミクス　52, 141, 188, 203
Amazon　110
アメリカマーケティング協会　205
アラウンドモード　118, 119
暗黙知　21, 189
異業種参入　5, 113, 116, 183, 197
E コマース（EC）　39, 107, 109, 112, 117, 130
伊勢丹　139
委託仕入　143, 144, 145, 154
イッセイミヤケ　220
イトキン　36, 50, 127, 225
イノベーション　5, 51, 86, 148, 170, 179, 192, 226
インスタグラム　111
INDITEX　3, 81, 83, 87-90, 103, 183
インバウンド　52, 135, 141, 161, 203
インヘリタンス　186
Web サービス　127, 128
　──プロモーション　114, 130
ウェブルーミング　43
売切れ御免　84
H&M　31, 41, 47, 80-83, 87
エイチ・ツー・オーリテイリング　41, 136
エコロジー　9
SNS　111, 125, 128
SC　120, 125, 126, 145, 164, 188, 212
STP　148
SPA　1, 2　3, 5　11, 31, 39, 40, 70, 75, 168, 189, 214, 221, 226
　──型ビジネスモデル　2, 39, 31, 41, 43, 45, 69, 70, 74, 80, 84, 86, 178, 189, 226, 227
越境 EC　108, 109
ADSL　105
M&A　1, 11, 148
エルメス　31, 38, 46, 76

カ 行

OEM　39, 168-170, 178
オーガニックコスメ　121
Ｏ２Ｏ（OtoO）　41
ODM　168, 169, 170
オートクチュール　1, 11, 26-28, 30, 31, 34, 51, 63
オフプライスストア　148
オムニチャネル　41, 52, 113, 121, 209, 227
オンワード樫山　35, 37, 39, 42, 107, 112, 127, 144, 196, 212, 221, 225

外的要因　188, 192
外部環境　17, 18, 189, 192, 193
価値前提　79
　──連鎖　80, 189, 204
環境適応行動　3, 11, 12, 19, 226
　──変化　2, 11, 16, 22, 143
完全買取仕入　144
企業変革　2, 3　11, 22, 61, 68, 75, 79, 106, 162, 178-180
規模の経済　85, 185
基本理念　170, 175
GAP（ギャップ）　31, 39, 46, 83, 87
QR（クイックレスポンス）　40, 86, 93, 226
業界再編　141
共進化モデル　16, 19
競争優位　3-5, 15, 20, 58, 67, 75, 79, 85, 86, 99, 101, 107, 127, 130, 140, 143, 155, 159, 172, 176, 178, 193, 199, 203, 221, 222
業態転換　161, 171
　──特性　144
業務提携　141, 157
近鉄　140
クーカイ　31
グッチ　31, 38
クラスター　164
クリック＆モルタル　106, 227
クール・ジャパン（戦略）　218-220
グローバル企業　101, 102, 127

経営資源　2, 87, 130, 150, 155, 184, 186, 189, 192, 193, 195, 199
　——戦略　60, 124, 150, 153, 176, 195, 196
形式知　21
権限委譲　2, 69, 151, 152, 154, 195
コア・コンピタンス　155
高機能ソックス　176
購買意思決定　145
神戸コレクション　120
顧客価値　145
　——管理　152
　——情報　152, 155, 156, 191
　——満足　74-76, 159, 152, 154
国際ショッピングセンター協会　151
小島ファッションマーケティング　1
コーマ糸　173
コーマ社（コーマ株式会社）　5, 172-175, 179, 180
コミットメント　91, 153, 154
コム・デ・ギャルソン　37
コラボレーション　157, 190
コングロマリット　1, 11, 64
コンティンジェンシー理論　16-18

サ　行

細分化　41, 150
ササビーリーグ　195, 198, 215-217
サプライチェーンマネジメント（SCM）　46, 73, 76, 81, 84, 85, 86, 89, 170, 172, 226
差別化戦略　150
サマンサ タバサ　184, 196
ZARA　31, 41, 47, 80-83, 86-103, 183
サンエーインターナショナル　39, 40, 50
産業クラスター　49, 51
産業構造　43, 167
　——集積　33
三陽商会　35, 36, 42, 50, 59, 75, 107, 212, 225
Jフロントリテイリング　41, 136
GMS　164
事業環境　14, 15, 20
　——部制（組織）　194, 195, 216
自己組織化　20
自主編成（力）　35, 135, 154-157

自然選択説　13
持続的競争優位　13
CtoC　108
実践知　22
シナジー効果　184, 189, 198
地場産業　11
ジャヴァコーポレーション　51, 194
シャネル　31, 38, 76
ジャパンイマジネーション　42
受注生産システム　27
少子高齢化　15, 79, 121, 129, 207, 225
消費者ニーズ　5, 86, 143, 145, 167, 188, 209
商品委託販売　36
　——供給システム　67, 69
　——特性　156, 190
ショールーミング　41
ジロ・デ・イタリア　177
進化型変革モデル　2
　——プロセス　11
　——論　3, 10, 12, 13, 18-22
人的資源管理　154
スターバックスコーヒー　195, 196
ステファネル　31
ストリートファッション　40
スーパーマーケット　140
スパンデックス糸　173
棲み分け型ビジネスモデル　11, 43, 52, 167, 226
スモールカンパニー　197
3D SOX　173, 174, 176, 178-180
SWOT 分析　118, 148
生産システム　179
成長ベクトル　186
製品ライフサイクル　5, 14, 80, 86, 186, 189, 221
西武　140
セカンドライン　212
セレクトショップ　40, 121, 208, 209, 213, 222
選択と集中　84
戦略変更　188-191
そごう（十合）　139
組織エコロジー理論　16, 18
　——進化　2, 19

事項索引   *243*

——進化論　20
——統合　17
——内分化　16
——変革　2, 19
ソーシャルメディア　111
ゾゾタウン　42, 107, 110

タ　行

ダイエー　39, 140
大丸　139, 146
ダーウィンフィンチ　12
多角化　5, 41, 183-188, 190-193, 195, 198, 199, 203, 216
——戦略　5, 63, 184, 186, 188, 189, 191, 195, 198, 199, 217, 218
高島屋　139
タビオ　170, 171
ツイッター　111
DC ブランド　36, 38
ディスカウントストア　148
ティファニー　31
ディベロッパー　126, 212
デジタイゼーション　226
デジタルデバイド　106
——プロモーション　107
東急　140
東京ガールズコレクション（TGC）　42, 119, 123
突然変異　13
TOPSHOP　42

ナ　行

ナイキ　31, 40
内的要因　188, 190-192
内部環境　188
ニッチビジネス　5, 162, 179
——・マーケティング　36, 162
日本靴下工業組合連合会　164-166
日本ショッピングセンター協会　212
日本百貨店協会　137, 142, 143
六車流研　149
ノードストローム　148-156, 158

ハ　行

派遣販売員（制度）　141, 144, 154
バーバリー　59, 74, 75
バレンチノ　31, 74
阪急　140
販売代行　36, 145, 154
光ファイバー　105
ビジネスモデル　3-5, 36, 60, 79, 81, 84, 87, 115, 130, 140, 143, 158, 170, 171, 175, 176, 179, 189, 198, 225, 226
ヒッピー　28
BtoC　108-110
BtoB　108
PPM　148
ビームス　40, 184, 196, 222
ファストファッション　1, 3　5, 11, 31, 41, 52, 79-81, 84, 127, 221, 225
ファーストリテイリング　40, 81, 83, 127, 220
ファッションスタイル　25, 26, 29
——ビジネス　25, 33, 34, 43, 45, 189
——ビル　36, 37, 39, 40
ファブレス　158
フェイスブック　111
FOREVER21　31, 47, 80, 81, 83
付加価値　52, 85, 158, 167, 176, 178, 209
不確実性　3, 9　11, 15, 18, 20, 52, 194, 216
FOOT MAX　173, 174, 177, 180
ブーマ　31
プライベートブランド　35, 135, 157, 158, 170
プラダ　31
フランチャイズチェーン・FC　102, 103
ブランディング戦略　105, 107, 112
ブランド価値　5, 6　67, 70, 71, 73, 74, 81, 125-127, 178, 183, 184, 189, 190, 199, 203, 212, 226
——創造　161, 184
——力　67, 128, 209
ブルガリ　31, 184
プレタポルテ　1, 11, 27, 28, 30, 31, 34, 51, 63, 68, 73, 74
プロダクト・アウト　43, 46, 158
プロダクトポートフォリオマネジメント　64

プロモーション戦略　126
文化服装学院　35, 36
分業システム　30
分散投資　185
分散と拡張　84
分社化　122, 194, 197
ベネトン　46, 87, 94, 103, 183
ポジショニング　130, 189
POS システム　39, 52, 154
ボディ・コンシャス　29, 39
ホールセールクラブ　148
ボン・マルシェ　30, 139

マ 行

マーケット・イン　43, 46, 117, 144, 158
マスマーケティング　46
マッシュスタイルラボ　3, 107, 114, 116, 122, 123, 127-131, 196, 197
　――ホールディングス　114, 122-124, 196, 198
　――ビューティーラボ　114, 121-124, 197
アメーバ経営　91
三越　139, 146, 148
三越伊勢丹ホールディング　41, 136
ミニスカート　28, 29, 31
ミレニアムリテイリング　135
目標到達ギャップ　190, 191
モッズルック　28

ヤ 行

矢野経済研究所　1, 47, 48, 165
ユナイテッドアローズ　40, 50, 184, 196

ユニー　140
ユニクロ（UNIQLO）　31, 40, 47, 50, 81, 82, 87, 128, 129, 131, 151, 220
輸入総代理店システム　59
ヨウジヤマモト　220
4P　118, 148, 170

ラ・ワ行

ライセンスビジネス　75
ライフスタイル　15, 29, 157, 158, 167, 195, 203-207, 215, 216
　――型ビジネス　1, 5　31, 52, 213, 217, 218, 221
　――提案型　208, 209, 212, 222
　――・マーケティング　210
ライブストリーミング　131
ラグジュアリーブランド　1, 2　11, 29, 38, 41, 52, 57, 58, 60, 74, 76, 79, 126, 127, 184
楽天　110
リアルクローズ　120
リストラクチャリング　79, 122, 135-137
リーマン・ショック　3, 141
ルイ・ヴィトン　3, 29, 31, 38, 57, 46, 60, 61, 79, 126
ルーティンワーク　153
レナウン　35, 36, 42, 50
ロレックス　31
ロンハーマン　213, 214
ワコール　111
ワールド　36, 39, 50, 51, 107, 127, 196, 212, 221, 225

《著者紹介》

大村 邦年（おおむら くにとし）

阪南大学教授．神戸市出身．神戸商科大学経営学研究科修士課程．神戸大学経営学研究科博士課程．1981年ファッションアパレル企業を起業し，28年間にわたる経営の傍ら，2002年神戸商科大学大学院よりMBA（経営学修士）を取得．その後，神戸大学大学院博士課程へ進み，現在，阪南大学教授の他，ファッションビジネスを中心に，企業向けコンサルタントや海外アパレル企業のシニア・アドバイザー，中小企業・小規模事業者ビジネス創造等支援事業部門家（中小企業庁）として多方面に活動している．また，学術研究では，独立行政法人日本学術振興会科学研究費助成事業（科研費）に継続して採択され，ファッションに関する「理論と実践の融合」をキーワードとして活動している．

《主な著書》

『新時代マーケティングへの挑戦――理論と実践』（共著，六甲出版販売，担当：第1章「百貨店のリストラクチャリングへの新機軸」）．『新時代のマーケティング――理論と実践』（共著，六甲出版販売，担当：第4章「海外ファッション企業の新たなブランド戦略――ルイ・ヴィトンジャパン社の事例から――」）．『マーケティングの理論と実践（第2版）』（共著，六甲出版販売，担当：第4章「アパレル・マーケティングの実際」）．

《主な論文》

「ファストファッションにおける競争優位のメカニズム―― INDITEX 社 ZARA の事例から――」（単著，『阪南論集社会科学編』第47巻2号）．「アパレル企業の多角化戦略とその本質」（単著，『阪南論集社会科学編』第50巻第1号）．「進化論のマネジメント適応に関する考察」（単著，『OCCASIONAL PAPER』No. 52）．「靴下製造業の新製品開発によるブランド創造――松原市コーマ株式会社の事例から――」（共著，『阪南論集社会科学編』第51巻第3号）．「河内鴨のブランド・ビジネス――ツムラ本店の戦略的秀逸性を中心に――」（共著，『阪南論集社会科学編』第51巻第3号）．

ファッションビジネスの進化
――多様化する顧客ニーズに適応する，
　　　　生き抜くビジネスとは何か――

阪南大学叢書 109

| 2017年3月20日　初版第1刷発行 | ＊定価はカバーに |
| 2022年3月25日　初版第3刷発行 | 表示してあります |

著　者　　大　村　邦　年 ©
発行者　　萩　原　淳　平
印刷者　　江　戸　孝　典

発行所　株式会社　晃　洋　書　房
〒615-0026　京都市右京区西院北矢掛町7番地
電話　075（312）0788番代
振替口座　01040-6-32280

ISBN978-4-7710-2840-1　　印刷・製本　共同印刷工業㈱

JCOPY 〈(社)出版者著作権管理機構　委託出版物〉

本書の無断複写は著作権法上での例外を除き禁じられています．複写される場合は，そのつど事前に，(社)出版者著作権管理機構（電話 03-5244-5088, FAX 03-5244-5089, e-mail: info@jcopy.or.jp）の許諾を得てください．